序

花卉中国：讲好美丽中国故事

　　中国是一个有着5000年文明历史的国家。在漫长的社会历史发展过程中，中国人与花卉结下了不解之缘。从新石器时代后期花文化萌芽开始至今，花卉一直是人们应用、欣赏和审美的对象。作为自然之物，花卉不仅具有广泛的实用性和功能性，而且随着历史的发展不断被注入深刻的文化内涵，渗透并融入到中华民族物质生活和精神生活的各个方面，从而形成了中国独特的花文化体系和文化景观。从黄河流域的仰韶文化、马家窑文化、大汶口文化到长江流域的大溪文化、河姆渡文化、马家浜文化……在这些早期文明形态中，人们就以花卉为审美对象描绘了各种花卉图像并创作了众多的艺术品。随着人类社会的进步和人居环境质量的提升，人们对花卉的需求不断增大，花卉应用和花卉文化内容也不断丰富，形式多样。

　　市花是能表征一个城市文化传统、区域特色的观赏植物，是花卉应用和花卉文化的拓展和延伸，是城市形象的重要标志。它体现了一座城

市的文化底蕴和精神风貌，是一道独有的人文景观，是城市的名片。市花也是一座城市土生土长或引入后能够适应当地气候环境、具有较长栽培历史的植物，不仅富有地方特色，而且观赏价值高，在城市环境美化中具有重要地位，与当地人文历史有着密切联系，如广州的木棉、洛阳的牡丹、南京的梅花、成都的木芙蓉、香港的洋紫荆、澳门的荷花、台北的杜鹃等。中国花卉资源丰富，栽培历史悠久，文化渊源深厚，所以中国城市的市花也具有丰富的多样性。

一座城孕育一朵花，一朵花点亮一座城！

长江出版传媒集团出版的《花卉中国》丛书，从一个独到的视角对城市进行着美丽的诠释。每卷分册对一座城市的市花首先进行总体介绍，通过图文结合的直观方式，描述其形态特征、生物属性及栽培、繁殖等植物学知识；进而从物质和精神两个层面阐述该种花卉的花文化，详述这种花与这座城的"前世今生"，通过两者之间的关联，揭示该花在城市生态文明建设中的意义和对促进城市产业发展所起的作用；最后就如何通过市花展示城市特点、打造城市亮点等方面，提出合理化建议。

从书由金荷仙教授担任主编，王彩云、刘晓莉、陈龙清、赵世伟等教授任编委。他们都是从事城市园林、花卉栽培、科研与教学，以及花卉文化和花卉应用等相关研究的著名学者。丛书立意高远，可对提升城市文化品位与文化自信做出贡献，为城市建设起到文化支撑作用，是展示城市形象的"文化名片"。丛书通过花卉将这些城市汇聚在一起，既凝聚了家国情怀，展示中华之大美，又让世人能以更开阔的视野和更多元的角度认识中国。丛书还与时俱进地采用了融媒体技术，在图书中植入 AR 全媒体赏花地图和精彩视频，兼具新颖性、趣味性和历史人文特色，展示了科技与人文、历史与现代的完美融合。

相信《花卉中国》丛书的出版将会很好地激励和鼓舞人们投入到新型城镇化的建设中去，通过厚植市花文化，积极践行绿色发展理念，推进生态文明建设；在追求美好生活的同时，讲好美丽中国的故事。

是为序。

国际园艺生产者协会副主席
中国园艺学会副理事长
国家花卉工程技术研究中心主任
2019年12月16日

前言

"国家之魂，文以化之，国家之神，文以铸之"——文化是一个国家的根，更是一个民族的魂。中华文化泱泱五千年，博大精深，灿烂隽永，是中华儿女共同的精神烙印和精神基因，更是中华民族自强不息、发展壮大的强大精神力量。花文化正是中华文化在悠远岁月中不断积淀和升华所孕育凝聚出的重要组成部分。中国人爱花、护花、敬花，骨子里始终渗透着与花难以割舍的民族情愫，而这种情愫可以追溯至远古时期。从"华胥履大迹生伏羲"的上古传说得知，花成为民族图腾，涵中"华"和"华"夏之意，在中华文明史上被奉以至尊之位；新石器时期各种刻有花卉纹饰的陶器被远古祖先用来美化和装点生活，这都反映了花和中华文明的深厚渊源。进入有文字记载的历史时期之后，花文化更是与时代相随、与文明相伴，在中华历史上留下一路华章。先秦时期《诗经》中有"桃之夭夭"和"蒹葭苍苍"的诗句，《离骚》中屈原以兰蕙自喻，唐朝时期李白醉卧花丛、杜甫感花溅泪，清朝时期《红楼梦》中有黛玉葬花和芙蓉花神，中国人把对花的喜爱深深地融入了生活、文学、艺术乃至情感之中。到了现代，社会经济飞速发展，花更是被用来作为国家或城市的自然名片，比如灿若云海的樱花之于东瀛之国日本、雍容华贵的牡丹之于千年帝都洛阳。目前全球大部分国家及城市都确立了自己的国花或市花，它们或是展示了地域的自然生态之美，或是象征着人们对美好生活的憧憬和愿望，而最重要的是，它们体现和传承了这个国家或城市的文化内涵和历史底蕴。正如习近平总书记在"厦门实践"中所提出的："重视文化传承，延续历史文脉，让城市在发展过程中始终'把根留住'。"的确，一座城市的伟大，不在高楼林立，而在于有文化、有历史、有精神、有品质。因此具有深厚内涵和底蕴的花文化对一个城市来说可以谓之其根，谓之其魂。

成都是十大古都之一，以"一年而所居成聚，二年成邑，三年成都"之典故而得名，相沿至今。这座古老城市的文明由4500余年前的宝墩文化开启，书写了2300余年城名未改、城址未迁的城市发展传奇，所形成的天府文化历经悠悠岁月，不断流变与传承，根植于中华文化，繁茂于巴蜀文明。而伴随这个城市从远古走来、跨越千年时光的还有那个享誉世界的美称——"蓉城"！这个充满诗意的名字源自一种美丽的花——芙蓉花。成都是芙蓉花的原产地之一，但对成都而言，芙蓉不是一朵花那么简单。这其中有战国时神龟巧画芙蓉图案，张仪因此而建城的传说；有唐朝才女薛涛以芙蓉制十色"薛涛笺"，而为当时天下文人墨客争相收藏的典故；有五代十国孟昶为花蕊夫人在城墙上遍种芙蓉花，成都因此而得名"蓉城"的历史故事……芙蓉对于成都而言可谓是缘起千年，纵使朝代更迭，不改花香依旧。同时，芙蓉花拒霜而开的坚韧品格，不争春风、默默开放的豁达情怀，与蓉城人对有品质和文化内涵的幸福生活的追求是一致的。因此，芙蓉花是成都这座城市的历史印记，是其身后的天府文化标签，更是蓉城和蓉城人的根和魂。

1983年5月26日，为推进历史文化名城建设，巩固成都芙蓉花应有的历史地位，成都市九届人大常委会第八次会议通过了《市人大常委会关于命名银杏树为市树、芙蓉为市花和确定每年农历九月初九为市树市花日的决定》，将芙蓉花正式命名为成都市市花。2017年，为了全面发展国家中心城市，践行绿色发展理念，重现"绿满蓉城，花重锦官，水润天府"的优美景色，成都再次将芙蓉花推向历史发展的浪潮之巅——"弘扬芙蓉文化，擦亮蓉城名片，打造芙蓉文化产业"。这一重要举措将成都和芙蓉花之间的千年情愫变得更为炽热而浓烈，是新时代满足蓉城人民对美好生活追求的切实需要，更是传承成都天府文化、建设美丽宜居公园城市的重要内容。

本书通过揭示芙蓉的科学奥秘、探寻芙蓉的审美意象、赏析芙蓉的诗词歌赋、追溯芙蓉的前尘往事、寻访芙蓉的民俗情结、讲述芙蓉的生活百态等，深入挖掘芙蓉花和成都的历史渊源和文化内涵，向全国乃至世界讲好美丽中国的成都故事！

非常感谢著名画家杨学宁老师、鲜花山谷周小林先生、画家羊角老师及资深媒体人士马小兵老师提供的素材，以及成都动物园黄诚书记和作家蒋蓝老师对文字内容的审阅。非常感谢本书的摄影图片提供者：冯超、周小林、杨学宁、徐仁成、凌万波、罗鸿声、蔡承良、刘伟、高远平、刘慧玲，特别是冯超老师，提供了大量优秀作品。

芙蓉花开

第一章　FURONG HUAKAI

第一节 芙蓉的生物学特征

宋代叶梦得《石林燕语》："芙蓉有两种，出于水者，谓之水芙蓉；出于陆者，谓之木芙蓉。"大约自唐代起，人们才渐渐把木本芙蓉叫做芙蓉，水芙蓉便被直呼为荷花、莲、菡萏等。本书所介绍的芙蓉，即木芙蓉，又名拒霜花、转观花等。清代汪灏在《广群芳谱》中描述道："此花清姿雅质，独殿群芳。秋江寂寞，不怨东风，可称俟命之君子矣。"

木芙蓉（*Hibiscus mutabilis* Linn.），又名芙蓉花，为锦葵科木槿属落叶灌木或小乔木，高2~5米。小枝、叶柄、花梗和花萼均密被星状毛与直毛相混的细绵毛。叶呈宽卵形、圆卵形或心形，常5~7裂，裂片三角形，先端渐尖，具钝圆锯齿，上面疏被星状细毛和点，下面密被星状细茸毛；叶柄长5~20厘米；托叶披针形，长5~8毫米，常早落。花单生于枝端叶腋间，花梗长5~8厘米，近端具节；小苞片8~12片，线形，长10~16毫米，宽约2毫米，密被星状绵毛，基部合生；萼钟形，长2.5~3厘米，裂片5片，卵形，渐尖头；其花或白或粉或红，直径8~14厘米，花瓣近圆形，直径4~5厘米，外面被毛，基部具髯毛；雄蕊柱长2.5~3厘米，无毛；花柱枝5，疏被毛。蒴果扁球形，直径约2.5厘米，被淡黄色刚毛和绵毛，果爿5；种子肾形，背面被长柔毛。

锦葵科的部分植物有一个特点，一朵花只开一天，朝开暮谢。岑参在《蜀葵花歌》里对锦葵科植物蜀葵描述道："昨日一花开，今日一花开。今日花正好，昨日花已老。"这句诗用在木芙蓉身上也十分贴切。但也存在一些单朵花花期超过1天的品种，总体来说最多不超过2天。

清姿雅质，独殿群芳。

芙蓉手绘及瑞典自然历史博物馆收藏的芙蓉标本。

第二节 芙蓉的分布与栽培历史

据考，芙蓉原产于中国，四川、湖南、湖北、广东、广西、江西、浙江、福建、贵州、云南、海南及台湾等地都有分布。其中，四川是木芙蓉的重要分布区。越南、印度尼西亚、尼泊尔、印度等东南亚国家及日本也有栽培。

据植物学家胡秀英的著作介绍，1788年迪金森（B. Dickinson）将重瓣木芙蓉的种子带到英国，后来学者安德鲁斯（Andrews）通过育种试验获得了花色多彩的变型。英国皇家植物园——邱园1789年发表的《园志》（即栽培植物索引）显示，当时园中就种有木芙蓉，至于这是不是由之前迪金森带回去的种子所培育出的就不得而知了。另外，历史上在印度施行统治的英国东印度公司，于18世纪下半叶在加尔各答创立了植物园，这是一个非常注意引种中国植物的研究机构。在1814年出版的《东印度公司加尔各答植物园所种植物目录》中可以发现，我国的木芙蓉在加尔各答也有栽培。由此看来，木芙蓉在国外很早就被引种到园庭栽培了。

满树芙蓉花开。

根据各朝代的诗歌文章等史料记载可知，木芙蓉在中国栽培的历史非常悠久，栽植地也非常广泛。唐代诗人张立在《咏蜀都城上芙蓉花》里提到："四十里城花发时，锦囊高下照坤维。"这描述出唐代成都芙蓉花的种植规模。赵抃的《成都古今记》中也记载道："唐玄宗以芙蓉花汁调香粉作御墨，曰龙香剂。"

宋朝时期，芙蓉花在王公贵族中十分受欢迎。周密的《吴兴园林记》中记载："端肃和王家，后临颜鲁公池（今浙江湖州），依城曲折，乱植拒霜，号芙蓉城。"拒霜即芙蓉花，顺着曲折的城墙，遍种芙蓉，确实可以称得上"芙蓉城"。

明朝王世懋在《学圃馀疏》中描述了芙蓉花在江西的生长特征："芙蓉入江西俱成大树，人从楼上观，吾地如榛荆状，故须三年一斫。"从这里可以看到木芙蓉在江西早就是人们生活中的雅物了。

清代劳大与的《瓯江逸志》中记录了"芙蓉江"的来历：浙江温州芙蓉，农历八月开花，九月特盛，遍地有之，特产佳种醉芙蓉，瓯江因此又名"芙蓉江"。在重庆市的武隆县也有一条"芙蓉江"，此江发源于贵州省绥阳县的石瓮子，由南向北流经黔、渝两省市，在武隆江口注入乌江，全长231公里，是乌江最大支流。这条江古名濡水，又名盘古河，因与乌江交汇处的江口镇沿岸有较多芙蓉树，故称"芙蓉江"。

第三节 芙蓉的花语

人和人之间常用语言进行交流，花和花之间也可以用某种化学信号进行交流，那人和花之间如何交流呢？随着美丽的花朵逐渐融入人们的生活之中，人们不仅通过花来表达自己高尚的节操和坚韧的品格，还希望借助花向对方传递某种情感或表达某种祝愿。这些都是人和花之间交流的"语言"，看似无声，然则无声胜有声，因为它饱含了含蓄而委婉的人们最渴望抒发却只能深藏心底的真挚情感。而这种"语言"往往是通过花的某种生物特性、花的谐音、花的神话传说等逐渐形成的，被一定区域范围内的民众所认同或约定俗成后成为现代人们所熟知的花语。

芙蓉华贵之色与清雅之姿。

花语在不同的社会历史背景、地理环境和宗教信仰下，所蕴含的寓意大相径庭。如中国文化中的菊花多用于表达高雅坚韧的气节、淡泊闲静的品格，且象征着吉祥长寿，而在西方，菊花多被认为是墓地之花或不祥之花。因此在不同的环境下，准确地把握花语也是一种礼仪的体现，否则只会弄巧成拙。在中国的植物文化中，大多数花卉在广大中华儿女心中有着较为一致的花语。如傲寒而开、于百花之先独天下而春的梅花，不仅可以表达人们高洁坚强的品格，还是传春报春的吉祥象征；又如"出淤泥而不染、濯清涟而不妖"的莲花，不仅代表圣洁的君子形象，同时因其与佛座的渊源而被认为是佛教之花，甚至因其名与"恋"字的谐音，还被认为具有纯真爱情的美好寓意。由此可见，许多花的花语和寓意可以是多元的、复杂的、综合的，而芙蓉花便是这样一种蕴含多种美好寓意的吉祥之花。

"福禄寿喜"在中华民族千百年来追寻幸福生活的过程中被用作喜庆吉祥的符号代表，无数留存下来的绘画作品和民间工艺中关于"福"的图样则多以芙蓉花来呈现。"芙蓉"，"芙"字音同"福"和"富"，寓意"福气、福运、福报、幸福"和"富贵、富裕"，"蓉"字音同"荣"和"容"，寓意"荣誉、荣耀、荣华"和"包容、宽容"，这些词汇不仅是中国传统民俗文化中用于祝愿和祈福的重要符号，也是人们努力追寻和向往的生活状态和精神内涵，更象征了中国人民的美好品格和豁达情怀！除此之外，芙蓉花还具有孤标傲世、清新脱俗、坚韧执着、活泼灵动、纯情忠贞等美好含义。

"染露金风里，宜霜玉水滨。莫嫌开最晚，元自不争春。"木芙蓉于每年的农历九至十一月开放，此时百花凋零，它却傲然绽放，不卑不亢，既不与春花争艳，亦不与夏花竞芳，傍水而隐居。它是孤独的，但它的英姿傲放于世间，因此是最清新美丽、不流于俗套的，此乃"孤标傲世、清新脱俗"之意。

《格物丛谈》中说到："况此花又最耐寒，八九月余，天高气爽，故亦有拒霜之名。"木芙蓉这种不畏霜露之寒、凌秋傲然绽放的非凡品性也得到了许多文人墨客的喜爱与盛赞。王安石在《拒霜花》中赞道："落尽群花独自芳，红英浑欲拒严霜。"苏轼在《和陈述古拒霜花》中颂道："千林扫做一番黄，只有芙蓉独自芳，换作拒霜知未称，看来却是最宜霜。"芙蓉花不仅"拒霜"，还"迎霜而上"，霜越打，花愈艳，此乃"坚韧执着"之意。

木芙蓉的花朵具有变色之奇。清晨，木芙蓉迎着朝阳和露水欣然开放，此时花朵或为清纯之白，或为浪漫之粉；到了中午，芙蓉花受炙热阳光的洗礼，花心渐渐晕红，如同少女害羞的脸庞，真挚而懵懂；直到傍晚，太阳渐渐落下西山，芙蓉花竟整个变成醉人的大红色，就好似那红盖头下的新娘，热情又迷人。木芙蓉这种在朝夕之间变幻花色的特性，使其具有"活泼灵动"之意。

而木芙蓉的纯情忠贞之意则源自一个凄美的传说。在古代有一对夫妻相伴打渔为生，某天丈夫出海后一直未归，大家都说他已经遭遇不测，妻子却始终不愿相信，苦苦等待，后来她在某天恍惚看到海边有一棵大树，那树的姿态像极了她日夜思念的丈夫。于是妻子便日夜陪伴这棵大树，用真心和痴情浇灌它，后来这棵树上开出了美丽又浪漫的花朵，后人称之为芙蓉（夫容）花，以纪念妻子对丈夫的纯情和忠贞。

芙蓉还可与其他事物组合在一起，象征着人们对幸福美好生活的追求和向往。

芙蓉花与石榴结合，其意为"多子多福"；
芙蓉花与寿桃结合，其意为"福寿双全"；
芙蓉花与桂花结合，其意为"夫贵妻荣"；
芙蓉花与牡丹结合，其意为"荣华富贵"；
芙蓉花与白鹭结合，其意为"一路荣华"。

蕴含多种美好寓意的吉祥之花。

第四节 芙蓉与成都的千年情缘

　　成都位于中国西南部，是中华大地上的一颗璀璨明珠，是历史上的天府之国。它被秀丽险峻的群山环抱着，被巍峨挺拔的雪峰轻抚着，被蜿蜒绵长的岷江滋润着，被勤劳纯善的巴蜀子民热爱着！遥想4500年前，居石室、善养蚕的蜀山蚕丛氏率领部落子民走出岷山，开启从川西北高原向成都平原进发的迁徙征程，也开启了天府文化的璀璨之门，正所谓"蚕丛及鱼凫，开国何茫然"，从三代蜀王蚕丛、柏灌、鱼凫到望、丛二帝，蜀国君民齐心协力开创巴蜀盛世，终于到周朝末期，开明王朝的君主将都城迁徙至今天的成都所在地。在中华文明历史浪潮里，多少王朝兴盛又衰亡，多少古都繁华又覆灭，唯有这平静祥和的沃野之土——成都亘古未变，"城址不改三千载，城名不改二千五"。成都和芙蓉花的情缘也是如此，任凭斗转星移、潮起潮落，却不改花香依旧。这段城花情缘起于战事纷繁的春秋战国时期，深植于国富民强的大唐盛世和风雨飘摇的五代时期，一直到现在，世间都流传着各种关于这座城与这朵花的神话故事和历史传说……

20 世纪 30 年代的成都旧貌。

四十里城花发时，锦囊高下照坤维。

一、龟画芙蓉城

《华阳国志》中记载："惠王二十七年，仪与若城成都，周回十二里，高七丈。"战国晚期秦惠文王十二年，张仪以纵横之术助秦惠文王灭蜀；秦惠文王二十七年，他与张若一起兴筑成都城，城墙周长十二里，高七丈。然而成都平原虽肥沃富饶，却因水渠纵横而导致土地潮湿、地表松散，难以找到坚实的地基。因此后世传说张仪在成都筑城时遇到的最大麻烦就是选址问题，因为初来乍到，对地层与土质状况不熟悉，张仪在筑城之初，以方方正正的咸阳城墙为范，城墙垒起就倒塌了，屡筑不成。晋代干宝《搜神记》卷十三提到："秦惠王二十七年，使张仪筑成都城，屡颓。忽有大龟浮于江，至东子城东南隅而毙。仪以问巫。巫曰：'依龟筑之。'便就。故名'龟化城'。"神话也好，聪明也罢，总之张仪终于修筑起了坚硬的城墙，此城墙非方非圆，曲折图形如同一只大龟，后来又衍生出神龟指引的路线好像一朵芙蓉花的说法，因此就有了"龟画芙蓉城"的传说，这也是"芙蓉城"名的来源之一。这样一种不规则的曲线城墙，虽少了咸阳城那样四四方方的威严之感，却也多了一份活泼灵动的隽秀之意，正如同快意人生、洒脱自然的成都人民，于西南之隅，享悠闲时光，品豁达情怀！

才女薛涛与"薛涛笺"。

二、芙蓉花和"薛涛笺"

从最初以其照水之美、清丽之姿被大众欣赏和喜爱，到凭借其拒霜之格、凌秋之态被文人墨客敬佩和咏叹，芙蓉花终于跻身于"文化名流"之中。而它与多情才子和聪慧佳人距离最近的时刻则要从"薛涛笺"说起。"薛涛笺"是我国文化史上流芳千载的诗笺，相传由中唐女诗人薛涛所制，用于诗歌唱和及书信来往，是文人雅士感物伤怀、寄托情丝的象征。

薛涛是著名的女诗人，幼时随父入蜀，寓居成都。即使在大唐那个诗人辈出、才情横溢的时代，薛涛也毫不逊色，因"容姿既丽，才调尤佳"而闪耀于巴蜀大地上。她善书法，工诗赋，一生共著有500多首诗词，有89首得以保存于《全唐诗》中，是《全唐诗》中诗作最多的女诗人。她曾被剑南西川节度使所看重，欲以"校书郎"封之，正如同王建在《寄蜀中薛涛校书》诗中写道："万里桥边女校书，枇杷花里闭门居。扫眉才子于今少，管领春风总不如。"薛涛虽为柔弱女子，但其才气过人，文气贯胸，不让须眉。"平临云鸟八窗秋，壮压西川四十州。诸将莫贪羌族马，最高层处见边头！"如此气吞山河、倜强豪迈的诗句便出自薛涛之手。而她聪明过人之处并不止于此，还体现在"薛涛笺"的制作上。

据明朝何宇度的《益部谈资》中记载："蜀笺古已有之，至唐而后盛，至薛涛而后精。"可见诗笺的发明并非起源于薛涛，但却是薛涛加以创新而使其影响深远。

与薛涛同时代的李匡乂在《资暇集》中记录到，"薛涛笺"最早由"松花笺"演变而来，薛涛喜欢"松花笺"的淡黄之色，但她善写小诗，松花笺纸张尺寸较大，以大纸写小诗，既浪费又不和谐，于是薛涛便让造纸工匠改小尺寸，特名为"薛涛笺"。后来，薛涛居于浣花溪旁，被缤纷如霞、灿烂如虹的芙蓉花所吸引，不仅写过"芙蓉新落蜀山秋，锦字开缄到是愁"等优美诗句，还以芙蓉花创制了新版诗笺。明代宋应星的《天工开物》中明确记载了芙蓉笺的原料和制法，即根据前人用黄檗汁染纸的原理，用木芙蓉的皮加水（后世又传为浣花溪的水）煮烂制成纸浆，再加以芙蓉花的汁液制成专门的诗笺，即"薛涛笺"。关于这种诗笺的颜色有多种记载，有红笺、十色笺之说，还有红碧相间等说法。而薛涛及其同时代人的诗句多将"薛涛笺"描述为红色，如"泪湿红笺怨别离""红笺纸上撒花琼"等。更能代表女性美妙才思和委婉情愫的红色诗笺，配上薛涛娟秀飘逸的行书和脱俗清雅的诗句，如"不结同心人，空结同心草"之类，一时风行甚广，成为文人雅士之时尚，甚至于后来官方的国札也用此笺。再后来，也许是因为芙蓉花的汁色较为淡雅，关于"薛涛笺"的染料渐渐向深色演变，一说是以古代女性梳妆所用的胭脂为染料，颜色深红："……涛所制笺，特深红一色尔……盖以胭脂染色，最为靡丽。"（出自《笺纸谱》）另一说则是用生长于古嘉州（今四川乐山）的胭脂木作染料。

如今，一千多年历史烟云翻涌而去，任凭当时多少文人骚客寄情纵笔于红笺之上，却无法改变"薛涛笺"早已亡佚的事实。只有芙蓉花见证了"薛涛笺"开始时的盛行，也见证了它后来的黯然退场！

芙蓉花的淡雅与艳丽。

三、后蜀主孟昶与芙蓉之城

悠悠中土物华天宝，浩浩华夏人杰地灵。纵观中华历史上的朝代更迭，涌现出无数位皇帝。这其中不乏像秦始皇嬴政、汉高祖刘邦等叱咤风云、扭转乾坤的开国大帝，也有像唐太宗李世民、明成祖朱棣等深谋远虑、雄才大略的治国明君。然而每个朝代都会经历鼎盛和覆灭，留给后人悲叹的还有那些命运不济的亡

"才自精明志自高，生于末世运偏消"。

国之君。他们之中有人是昏庸无能，遭后人唾弃；也有人才华横溢，只是错生帝王家。犹记得南唐后主李煜那一句"问君能有几多愁，恰似一江春水向东流"的绝唱，名垂千古，真可谓"国家不幸诗家幸"。同样在那个风雨飘摇的五代十国，在这片热血浇灌的巴蜀大地上，有一位温柔多情的君主，他虽亡国，却刻经、治学、善词、好乐，他和他的芙蓉之城留给后人诸多遐想，他就是后蜀主孟昶。

在那个中原战事纷繁不断、社会动荡、民不聊生的年代，巴蜀大地因据守天险，得以保有一份平静和安宁。后蜀开国君主孟知祥的第三个儿子——孟昶继位，开始了他31年的执政岁月。"七宝饰溺器""惊婚""亡国之君"这些都是与他有关的负面传说，传说中花蕊夫人那首有名的绝句《述亡国诗》"十四万人齐解甲，更无一个是男儿"更让他颜面尽失。然而孟昶从16岁继位，能够在五代十国那个纷纭乱世中做了30余年的"偏霸之主"，除了天时地利，也因为他具有独特的才识和能力。

为整顿吏治，肃清朝纲，孟昶亲自拟制《官箴》，旨在戒饬下属官吏。全文共四言二十四句，虽文字不长，却是引经据典、字斟句酌，足以体现其文化根底。后来宋太祖赵匡胤灭蜀后，深觉此箴意义深远，于是截取其中"尔俸尔禄，民膏民脂，下民易虐，上天难欺"四句，并令北宋著名书法家黄庭坚刻文于碑，史称《戒石铭》。这句话告诫诸官，是百姓供养了你们，需清廉为政，方对得起百姓，对得起国家。这句警世良言即使放在当代也值得借鉴，催人自励。孟昶还兴修水利，颁布《劝农桑诏》，鼓励发展养蚕业、纺织业、农业等多种经济模式，使蜀中百姓安乐富裕。

孟昶对后世最深远的影响莫过于教育和文化二事：在教育上，他兴办官学，鼓励读书，命人将《论语》《孟子》等十一经刻于石头和木板上，让后蜀臣民随时随处可以得到先贤的教诲；在文化上，他创办宫廷画院，大力推动南音融入蜀地音乐，被奉为"南音鼻祖"。此外，他还亲手写下了我国历史有记载的第一副春联："新年纳余庆，嘉节号长春。"这开创了中华儿女延续至今的新春习俗。这副春联对仗工整，平仄合律，饱含了对来年的祝愿。然而命运好似开了个讽刺的玩笑，冥冥之中，美好的祝愿变成了谶言！这副春联创作于公元964年，也就是后蜀灭亡前的最后一个除夕。第二年，赵匡胤兴兵灭蜀，建立北宋，同年孟昶与花蕊夫人被掳至汴梁，后蜀主的故事从此戛然而止，然而他和芙蓉城的故事却一直在蜀中人民心中流传……

孟昶与历史上第一幅春联。

1、芙蓉护城

后蜀开国君主孟知祥在西川出任节度使时出于军事建设需要，在唐代剑南西川节度使高骈修筑的成都"罗城"外围，用土筑了一道羊马城，"周围凡四十二里"，城垣高一丈七尺，基阔二丈二尺，上阔一丈七尺。城墙虽高，却是土筑，成都雨水又较多，水渠纵横，土壤松散，这样的土城墙难免损毁。孟昶继位后，为保城墙稳固不塌，便命人在成都土城上遍植芙蓉花以保护城墙。那时的人们已经意识到芙蓉花地上枝叶繁盛茂密，可以避免雨水直接冲刷墙土；地下根系又十分发达，有很好的固土作用。孟昶的命令充分显示了我们的巴蜀祖先在那个时代就已有水土保持、生态保护的理念。每当9月土城上芙蓉盛开，远远望去如锦如绣，满城生辉。这个传说体现了芙蓉花对于成都城的重要性，她象征了这个城市的繁荣、稳定和安逸。在城墙上大面积栽种花卉植物用于观赏，这在中国的建城史上也是绝无仅有的。

然而这样的传说虽然生动精彩，却少了些许浪漫情怀，关于孟昶和芙蓉城的故事，人们更愿意将它与一段缠绵浪漫的爱情传说联系起来……

芙蓉新颜与成都南城墙旧貌。

2、孟昶与花蕊夫人的芙蓉情缘

据《能改斋漫录》《后山诗话》《十国春秋》等所载，五代十国时，被称为花蕊夫人者共有三人：一是前蜀王建次妃，徐耕女，前蜀王衍生母，前蜀被唐所灭时死于押解途中；二为后蜀孟昶妃，称费氏或徐氏，四川青城（今都江堰市东南）人；三为南唐宫人，或称李煜妃，雅能诗，归宋后，称为小花蕊。因三人所处时代相同，又都被称为花蕊夫人，故史料中有关她们的记载时常有混淆。然而由于芙蓉花和成都的千年情缘，以及"四十里锦绣"的蓉城盛况多被认为是因孟昶的宠妃花蕊夫人而起，因此民间更愿将诸多历史事迹与她联系起来。

相传花蕊夫人自幼聪颖过人，容貌出众，"花不足以拟其色，蕊差堪状其容"便是对她最好的描述。她能诗擅词，能歌善舞，地方官员和先后多位节度使都欣赏过她的舞姿，醉心于聆听她婉转的歌喉，为她出口成章的丽词佳句而击节赞叹。这样的佳人迅速被这些官员相中并奋力向上推荐，后蜀主孟昶一见大喜，封其为慧妃，赐号"花蕊夫人"。花蕊夫人不仅为后世留下了百余首宫词，她和孟昶风花雪月的故事更是为后人津津乐道。相传，花蕊夫人极其喜爱芙蓉

才貌出众的花蕊夫人。

花，崇尚芙蓉花的美丽纯洁和不畏秋寒的品质。还有一种说法是花蕊夫人的老家——青城山一带种植了芙蓉花，她离家后，常常怀念小时候曾经见过的这种美丽的花，因此而郁郁不乐。她甚至为芙蓉花写诗：

去岁种花今已成，惊鸿俏影趁芳芬。
天姿国色婵娟隐，丰韵疏枝云雀鸣。
淡朗秋风窗前月，微馨夜露梦中人。
君王若问奴心事，直欲芙蓉遍锦城。

这首诗中"芙蓉遍锦城"确实表明了花蕊夫人心中所愿。孟昶极其宠爱这位才貌绝佳的妃子，为讨佳人欢心，他命人在成都城上遍种芙蓉，到秋天的时候，蔚为壮观，"四十里如锦绣，高下相照"，"芙蓉城"之名便由此传世。

宋代张唐英《蜀梼杌》中有一段文字更为详尽地记载了这一事件。

（广正十三年，950 年）九月，（孟昶）令城上植芙蓉尽以幄幙遮护。是时，蜀中久安，赋役俱省。斗米三钱，城中之人，子弟不识稻麦之苗。以笋芋俱生於林木之上，盖未尝出至郊外也。村落闾巷之间，弦管歌颂，合筵社会，昼夜相接，府库之积，无一丝一粒入于中原，所以币帛充实。城上尽种芙蓉，九月间盛开，望之皆如锦绣。昶谓左右曰："自古以蜀为锦城，今日观之，真锦城也。"

孟昶生性浪漫多情，为博美人一笑，可谓是费尽心思。《十国春秋·后蜀后主本纪》中记载："又以芙蓉花遍染缯为帐幔，名曰'芙蓉帐'。"云鬟花颜金步摇，芙蓉帐暖度春宵，孟昶与花蕊夫人日夜笙歌，从此君王不早朝。若是平常百姓，这必然是一段花好月圆的佳话，但对生于帝王家的孟昶来说，这只能是无法善终的遗恨情愁。孟昶与花蕊夫人的爱情故事开局幸福美满，结局凄美。后蜀降宋时，花蕊夫人被宋朝皇帝赵匡胤掠入后宫，一对有情之人被命运拆散。后来孟昶暴病而亡，花蕊夫人也香消玉殒。后人敬仰花蕊夫人对爱情的忠贞不渝，尊她为"芙蓉花神"，芙蓉花因此又被称为"爱情之花"。

"昶"本意为"不落的太阳"，其中的意蕴和期冀不言而明，然而孟昶和花蕊夫人的悲剧难免令人唏嘘感叹。好在"芙蓉城"的美誉在成都一直传承着，而孟昶和花蕊夫人之间的真挚情谊也如同这蜀地上的芙蓉花香一般芬芳四溢、绵远留长！

唯有芙蓉花繁华似锦、芳香如故。

四、《成都城种芙蓉碑记》

"二十四城芙蓉花，锦官自昔称繁华"，如此城花盛景自五代孟昶后，便随着前进的历史车轮烟消云散，人花凋零。直到清朝乾隆时期，一个叫李世杰的人，再次让成都和芙蓉花紧密地联系在一起。

李世杰（1716—1794），字汉三，号云岩，清朝贵州人士，初为小吏，后官拜兵部尚书。李世杰"天挺异才，兼资文武"，他执政期间廉洁奉公、刚正不阿，"身无姬侍，食不重味"，衣食住行也分外俭朴，摒除烦琐礼节，和当时大行铺张之道的官吏形成鲜明对比。此外，他勤政爱民，不惧权贵，致力于发展社会经济，也因此博得乾隆赏识。自乾隆三十六年（1771年），他两任四川总督。在治理四川期间，他明法纪，倡廉政，并且身体力行做出表率，惩治贪官污吏，励精图治，使饱受大小金川之役十数年战乱之苦、经济萧条、国库空虚的四川在几年内恢复了元气。在其治下，四川商贸日趋繁荣，国库逐渐充盈，人民安居乐业，呈现出一派兴旺的景象。

明末清初，张献忠兵败逃离成都欲逃亡陕西。临走之前，他下令焚城，转瞬间城内各处火光四起，浓烟滚滚，成都顷刻变成一片火海，城内的街道、建筑、名胜古迹甚至是城墙全都化为一片焦土，这座有着2000多年历史的古城被毁于一旦。成都人现在居住的这座城，是康熙年间在废墟上重建的。清政府沿明朝旧基，力图还原这座千年古城的原貌，恢复和重建其街道和建筑。而最为重要的则是城垣的修建，它是军事、政治和经济的集合体，其坚固与否，关系到统治者的政权安危。

乾隆四十八年，四川总督福康安奏请"银六十万两彻底重修成都大城，周围四千一百二十二丈六尺，计二十二里八分，垛口八千一百二十二，砖高八十一层……四门城楼高五丈"。为保证质量，福康安下令由各州县分别负责，并按照统一的标准来施工，施工过程中还要求在砖上刻上参与修建的州县及督工人姓名，分版授矩。因考核严格，参与修建的官员及工人不敢怠慢。又因工程浩大，继任总督李世杰继续修建，"承其乏，乃督工员经营，朝夕二年而成"。成都历经两年终于完成了城垣的修建。同时李世杰还对城市街道布局进行了全面规划和建设。为让成都古城再现往日繁华，李世杰下令在内外城隅"种芙蓉，且间以桃柳，用毕斯役焉"，力图重现成都城昔日芙蓉花开"四十里如锦绣"的壮丽景象。

据雍正《四川通志·城池》记载:"满城城门,东曰迎辉,南曰江桥,西曰清远,北曰大安。门外建有方形瓮城。"李世杰撰写的《成都城种芙蓉碑记》便刊刻在这瓮城内的石碑上。后因瓮城在1933年被拆除,石碑也随之消失,好在碑记的文字内容保存下来了。

考《成都记》,孟蜀时,于成都城遍种芙蓉,至秋花开,四十里如锦绣,因名锦城。自孟蜀至今,几千百年,城之建置不一,而芙蓉亦芟薙殆尽,盖名存实亡者,久矣。今上御极之四十八年,允前督福公(福公即福康安,李世杰之前任四川总督)之请,即成都城旧址而更新之,工未集,适公召为兵部尚书。余承其乏,乃督工员经营朝夕,阅二年而蒇事。方欲恢复锦城之旧观,旋奉命量移注江南,亦不果就。又二年余复来制斯土,遂命有司于内外城隅,遍种芙蓉,且间以桃柳,用毕斯役焉。夫国家体国经野,缮隍浚池,以为仓库人民之卫,凡所以维持而保护之者,不厌其详;而况是城工费之繁,用币且数十余万,莅斯土者,睹此言言仡仡,宜何如慎封守、捍牧圉,以副圣天子奠定金汤之意!然则芙蓉桃柳之种,虽若循乎其名,而衡以十年树木之计,则此时弱质柔条,敷荣竞秀,异日葱葱郁郁,蔚为茂林,匪惟春秋佳日,望若画图,而风雨之飘摇,冰霜之剥蚀,举斯城之所不能自庇者,得此千章围绕,如屏如藩,则斯城全川之保障,而芙蓉桃柳又斯城之保障也乎?是为记。

乾隆五十四年五月立

第二章

芙蓉入境

FURONG RUJING

中国古典园林，历史悠久，有着"虽由人作，宛自天开"的艺术旨趣。维克多·雨果称赞中国的皇家园林圆明园说："只要想象出一种无法描绘的建筑物，一种如同月宫的仙境，那就是圆明园；假如有一座集人类想象力之大成的灿烂宝库，以宫殿庙宇的形象出现，那就是圆明园。"的确，中国古典园林深浸着中华文化的内蕴，以其高超的艺术成就和独特的风格成为中华民族文化遗产中的一颗明珠，而这璀璨的光辉离不开中华大地上各种园林花卉植物的成就。

中国园林最早可追溯至3000年前的殷商时期。周文王在镐京建造了"文王之囿"，除了亭池楼台、百兽鱼鸟外，还种有许多供观赏的花草树木，这是园林最早的形态。至秦代，已有主持山林之政令者，称为"四府"，兼司栽植宫中与街道园林绿化树木。西汉盛世，汉武帝营建上林苑。《西京杂记》中记载："汉上林苑中有千年长生树、万年长生树。"文中还提到，群臣从远方进贡的树木花草有3000余种之多，并具体记载了其中近百个品种的名称。可见在汉朝，人们就十分注重在景观打造中对园林花卉的应用。后来在唐代的《平泉山居草木记》和宋代的《洛阳名园记》中也对庭园中花草树木的配置造景有着详细的记述。康乾时期，皇家园林发展至鼎盛，曹雪芹在《红楼梦》这部伟大的古典文学巨著中耗费心血营建了一个具有文学意象的大观园，其中对"木香棚、蔷薇架、牡丹亭"等花木景观和赏花建筑的描述更是不厌其详，精美之至！可以说中国古典园林的巨大成就在很大程度上与各种花卉植物匠心独运的精巧配置密不可分！

唐代名相李德裕在《平泉山居草木记》中记述了他在洛阳平泉山庄中所收集的各种名花古木，这其中就有木芙蓉。木芙蓉清姿雅质，妩媚娇羞，更为难得的是娇羞之中富含些许英武，富丽之余难得几分幽雅，自古以来就深受人们的喜爱。从赵抃《成都古今集记》中的"五代时，孟蜀后主成都城上遍种芙蓉，每至秋，四十里如锦绣，高下相照"，到王安石的《木芙蓉》"水边无数木芙蓉，露染胭脂色未浓"，再到《长物志》中的"芙蓉宜植池岸，临水为佳"等，可见木芙蓉作为深秋时节绝佳的观花植物很早就被应用于园林绿化中了。

叉尾太阳鸟与芙蓉花。

第一节 芙蓉的审美特征

"新开寒露丛，远比水间红。艳色宁相妒，嘉名偶自同。"芙蓉自古便有两种解释：出于水者，谓之荷花；出于陆者，谓之木芙蓉。荷花在我国的栽培历史十分悠久，是中国传统名花，无论是在民间、文学还是宗教中的地位都远胜于木芙蓉。但就如同这诗中所说，在这百花凋零之际，唯有木芙蓉，独自绽放于寒露之中，那拒霜的红远比水中的红来得更加畅快淋漓！

芙蓉艳色丝毫不逊于莲花。

给秋天带来了绚丽的色彩。

一、芙蓉意境之美

芙蓉之美，美在意境。花木是园林造景中的重要素材，也是被观赏的主要对象。不同的花木即使是和相同的景观搭配在一起也可以呈现不同的观感，从而体现花木的风韵、花木的精神，正所谓景中有情、情中有景、情景交融，这就是园林花木的意境。木芙蓉喜临水而生。水滋养了木芙蓉的生命，也赋予了它柔美雅韵的意境。"千林扫作一番黄，只有芙蓉独自芳。换作拒霜知未称，细思确是最宜霜。"木芙蓉在百花凋零之际，不畏寒露，傲霜绽放。秋风给它染上了最绚丽的颜色，同时也赋予了它高洁坚韧的品格。同时又因与"福、富、荣、容"谐音，芙蓉在中国传统文化中被赋予了荣华富贵的含义，因此又给人以美好吉祥的意境。

二、芙蓉时节之美

芙蓉之美，美在四季。木芙蓉一年四季景色各自不同，各有千秋。春季，正值木芙蓉发芽、抽枝的阶段，生机盎然；此时的木芙蓉茁壮成长，几乎一天一个样，给人以积极向上的感觉，督促着人们要努力学习使自己不断强大。夏季，木芙蓉已开枝散叶，芙蓉硕大的叶子，层层叠叠，在炎炎夏日给人无限清凉，满眼绿色亦能让人内心宁静，全然放松。秋季，芙蓉花在百花谢后，拒霜而开，这样不畏严寒、不争春风、淡泊宁静的高贵品质怎能不值得学习；芙蓉不仅花大色艳，而且一株树的花量较大，一片芙蓉花海将给秋风扫落叶的季节带去明艳的色彩，散尽人们心头的雾霾。冬季，芙蓉的果实渐渐成熟，由绿色变为褐色，接着就开裂了，果实里面藏着的大量种子随风飘落，孕育新的生机；此时芙蓉叶子也逐渐凋零，积蓄能量等待下次生命之花的绽放。

三、芙蓉树形之美

芙蓉之美，美在树形。木芙蓉主要有两种树形，丛生形和独干形。对于丛生芙蓉，其枝条十分繁茂，层次丰富，展现了树木的韵律之美，给人以欣欣向荣、欢快活泼之愉悦感受。此外在开花季，还可以让观赏者零距离接触花朵，感受花的魅力，激发其赏花的兴致。独干形芙蓉具有成形的树干，树冠向外呈放射状，给人以孤傲之感，开花时又有亭亭玉立之姿，丰满圆实的树冠展现的充盈之美，片植的话既壮观而具有视觉冲击力，又显得高端大气。

繁花满树的丛生芙蓉引人注目。

生机盎然的芙蓉叶。

四、芙蓉叶之美

芙蓉之美，美在其叶。木芙蓉叶呈卵形或心形，秀丽可爱，5～7枚裂片如同鬼斧神工一般，极具张力和野趣；叶片的正面和背面都有茸毛，观之恬静宜人，触之遐想无限。叶片交错式地在树冠上排列，仰视树冠时是一幅充满绿意生机的美丽图案。阳光照耀下，地上一片斑驳，摇曳生姿。木芙蓉新叶嫩绿，如稚嫩孩童一般清新活泼，随着阳光雨露的滋润，渐变为浓绿，富有韵味。花落之后，叶片在长达两个月时间内枯而不落，颇有几分"留得残荷听雨声"的动人韵味。

落尽群花独自芳，红英浑欲拒严霜。

五、芙蓉花之美

芙蓉之美，美在其花。而花之美，首先是色之美。《花经》中说到："色以桃红者最为常见，大红者大花重瓣，酷似牡丹，瓣中多蕊，颇为美丽。黄芙蓉，花黄色，不可多得，素称异品。另有醉芙蓉者，清晨开白花，向午转桃红，晚显深红，一日而迭变其色也。"可见在古时候人们已经关注到芙蓉花的多色之美。而这其中，最让人称奇的便是一日三变的醉芙蓉，一日内变换三种颜色，清晨为粉白色，中午为粉红色，到了傍晚时分则变为血红色，因此也被人称作"三醉芙蓉"，这在其他花卉中是极为少见的。

屈大均在《广东新语》中对此生动形象地描述到："将红曰初醉，浅红曰二醉，暮而深红为三醉。"这段话极富文学想象，它将芙蓉花比作肤色白皙的少女，清晨时如同一杯小酌，面颊飞上一抹红晕，懵懂而羞涩，而后伴随浓浓的酒意，那抹红晕已慢慢晕染开来，如同醉人的胭脂，娇媚动人！这与唐代白居易的"晚函秋雾谁相似，如玉佳人带酒容"，以及宋朝王安石的"正似美人初醉著，强抬青镜欲妆慵"有异曲同工之妙。宋祁《益部方物略记》中"添色拒霜花，生彭、汉、蜀州，花常多叶，始开白色，明日稍红，又

一日三变色的醉芙蓉。

将红日初醉，浅红日二醉，暮而深红为三醉。

明日则若桃花然"的记录也对醉芙蓉神奇的变色现象进行了详细的描述，同时点明其多生在蜀地。

　　这种一日三变色的特性，在诗人笔下虽略有夸张，但其实是有科学依据的，根据相关研究，其中奥妙与一种叫花青素的物质有关。木芙蓉初开白色，在阳光作用下，原花青素逐渐转化为花青素，与存在花瓣中的酸性细胞液起化学反应后，就逐渐由白色变为桃红色。随着光照的增加，又由桃红色变成深红色。醉芙蓉颜色的变化也可能是植物授粉状态的"信号"，以此让授粉者知道花蜜和花粉是否能充足供应，可见大自然的奥秘真是无穷无尽！《植物探索之旅》一书曾提到过，有些地方会在早上将这种变色的木芙蓉花剪下来，放在冰箱中保存，晚餐宴会时把它们摆放在餐桌上以取悦客人，这样客人们就可以在就餐时看到它们由白变红（尽管有点不可思议）。

　　除了这种一日三变的芙蓉花外，在成都市植物园

扫一扫，看醉芙蓉一日三变色。

科研人员30余年的努力下，芙蓉的新优品种越来越多，相应的花色也越来越丰富。纯洁优雅的白色，尽显悠闲淡雅之姿；甜美可爱的粉色，给人以梦幻烂漫的遐想；神秘高贵的紫红色，极具雍容华贵之范；甚至还有各种颜色都汇聚在一朵花中，就如同画家的神来之笔，浓淡相宜，最是迷人。随着岁月的变迁，古文中所提到的素雅之黄已很难见到，但相信通过科研人员的努力，我们很快能再见那个传说中的异品。

芙蓉花除了色之美，还有形之美。木芙蓉的花有单瓣、半重瓣和重瓣之分，有的似碟子，有的似酒杯，有的似宝塔，有的似绣球，足以满足不同人的审美，其中重瓣大红者，酷似牡丹，既有牡丹雍容华贵之美，又有傲霜凛冽之姿。白居易就曾称赞道："花房腻似红莲朵，艳色鲜如紫牡丹。"

此外，木芙蓉的花量也尤为可观，每到秋季，一树繁花如梦如幻，让人们沉醉在芙蓉花的花海之中，流连忘返。早在古代，人们就意识到了芙蓉花的花量很大，北宋陶谷《清异录》记五代"鼎文帔"故事："许智老居长沙，有木芙蓉二株，庇可亩余，一日盛开，宾客盈溢。坐中，王子怀言花不逾万，若过之受罚，指所携妓贾三英胡锦鼎文帔以酬直。智老命仆厕群采，凡一万三千余朵。子怀褫帔纳主人，腼而默遁。"这个故事，又称"智老罚宾"，是记录文人宾客芙蓉花间趣事的著名典故。两株芙蓉便可花开一万三千余朵，足见芙蓉的花量之大。

明代的吴彦匡也在《花史》中记录了四川温江江心寺丞相祠中芙蓉花的繁盛之况："其本高二丈，干围四尺，花几万余，畅茂散漫。"花开几万，可能有些夸张，但满树繁花肯定不假。

繁花如梦如幻。

芙蓉雍容华贵之美。

芙蓉花色、形双绝。

第二节 芙蓉的园林配置

清初陈淏子在所著《花镜》中简明扼要地总结了中国古典园林植物配置的两个基本原则：其一是"草木之宜寒宜暖、宜高宜下者，天地虽能生之，不能使之各得其所，赖种植时位置之有方耳"，即在配置时要尊重花木的自然生长习性，适地栽植；其二要兼顾季节变化，巧妙搭配，方能使"四时有不谢之花"，以无愧"名园"二字。因此要想充分发挥木芙蓉在园林造景中的美学价值，需重视各构成要素的搭配，以达到和谐统一、浑然天成的目的。

一、临水种植

木芙蓉忌干旱，耐水湿，故于临水处生长繁茂。喜研究花木习性的古人很早就认识到了木芙蓉的这一生长习性。在最早的花木专著《学圃杂疏·花疏》中记录到："芙蓉特宜水际。"《长物志·花木》中也有"芙蓉宜植池岸，临水为佳。若他处植之，绝无丰致"的说法。水被古人称为造园中的灵魂，水和花木的搭配让彼此都更富有生机和韵味。木芙蓉植于水滨，盛开时花影波光相映成趣，分外妖娆，因此有"照水芙蓉"之称。文人骚客对木芙蓉的"照水之姿"可谓是不吝笔墨，创作的诗词不胜枚举。

西边野芙蓉，花水相媚好。（宋）苏东坡《王伯扬所藏赵昌花四首芙蓉》

傍碧水，晓妆初鉴，露匀妖色。（宋）白君瑞《木芙蓉》

水边无数木芙蓉，露染胭脂色未浓。（宋）王安石《木芙蓉》

嫋嫋芙蓉风，池光弄花影。（宋）范成大《羔羊斋小池两，涘木芙蓉盛开，有怀故园》

湖上野芙蓉，含思秋脉脉。（宋）欧阳修《芙蓉花》

芙蓉襟闲，宜寒江，宜秋沼，宜轻阴，宜微霖，宜芦花映白，宜枫叶摇丹。（明）吕初泰《花政》

江边谁种木芙蓉，寂寞芳姿照水红。（清）赵执信《题画芙蓉》

芙蓉丽而开，宜寒江秋沼。（清）陈扶摇《花镜》

无论是溪水边，还是湖水边，抑或是江水边，木芙蓉如同一个个体态曼妙的美人，弯立于水边，像是在照水梳妆，含情默默，又像是在与水嬉戏，活泼而灵动。微风吹来，花叶在水上轻曳，流水在树下泛漪。虽不像荷花于水中生长，但木芙蓉同样与水心心相惜，水滋养了它的绿叶，孕育了它的红花，抚慰了它的孤独，同样，娇美的花也赋予了水圣洁的灵魂。它们如同最亲密的伙伴，相互成全：芙蓉花在水光的照耀下去除了艳俗，变得淡雅有韵致；洁净的水在芙蓉花的掩映下少了单调，变得活泼而灵动。

大诗人苏东坡不仅用诗赞美"临水芙蓉"，更是身体力行地把芙蓉种在了水边。北宋元祐四年（1089年），苏东坡任杭州刺史时，曾疏浚西湖，并利用挖出的淤泥葑草堆筑起一条南北走向的堤岸。南宋开始，苏东坡主持修建的这一条堤岸，已经成为西湖十景之首，名曰"苏堤春晓"。据记载，苏东坡当年在堤上遍植芙蓉。《梦梁录》中写道："木芙蓉，苏堤两岸如锦，湖水新而可喜。"可见，临水芙蓉为"苏堤春晓"这样的名胜美景添色不少。除了"苏堤芙蓉"以外，还有"芙蓉洲""芙蓉泮""芙蓉渚"等，构成一幅幅独特的芙蓉小景，充满诗情画意。

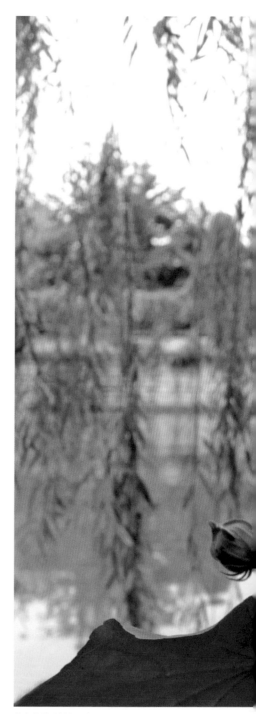

临水芙蓉映楼阁。

芙蓉与石搭配。

二、芙蓉与山石搭配

　　山石是园林设计中极为重要的元素，花木与山石的搭配是人们从古到今惯用的造园方式。山石固而不变，花木随季节变幻色彩及形态，形成园林景观中强烈的动静对比。当使用花木与山石搭配创造景观时，不管要表现的景观主体是山石还是花木，都需要根据山石本身的特征和周边的具体环境，精心选择花木的种类、形态、色彩、高低、大小，以及不同植物之间的搭配形式，使山石与花木组合达到最自然、最和谐的景观效果。木芙蓉姿态优雅，给人以柔和娴静之感，与山石的硬朗气势相配，山石的衬托又让木芙蓉更富有灵气和神韵，两者相得益彰，营造出一幅充满想象的自然画作。

　　木芙蓉与山搭配造景时，着重表现隆起的山势，遮挡平视的观赏线。为了烘托自然气氛，可以采用木芙蓉群植的方式，随着山势起伏高低错落，形成丰富的植物层次。未开花时，木芙蓉灵动的绿叶随风摇曳生姿，给人以绿意盎然之感；开花时，则一片绚烂花海，如云霞般动人心魄，不免让人想起"四十里如锦绣，高下相照"的盛景。

　　木芙蓉与石搭配造景时，可着重表现叠石和花木的野趣之美。一日三变的醉芙蓉可以采用丛生孤植的方式，或是二三株独生丛植的方式，利用其变色之美，搭配嶙峋的怪石，营造出独特新颖的奇幻景观。总之山石浓缩着自然山川的灵气神韵，包含着强烈的自然属性，又有着奇特丰富的外表和坚硬刚韧的内在特点，搭配木芙蓉的清姿雅致、柔美多娇，可谓相得益彰，达到了形式与神韵、外观与内涵、景观与生态的多重统一，让人们在欣赏和感受外在美景的同时，也能领悟到其深邃的内涵。

三、芙蓉与建筑搭配

一个优秀的建筑作品，如同一页优美的乐谱，虽给人以艺术的享受，但终究少了一份悠扬之感。建筑是构成园林的重要元素，而花木的使用则是融合自然空间和建筑空间最灵动、自由的手段。木芙蓉以其丰富多变的色彩、优雅娴静的姿态令建筑生硬的线条变得柔和，使建筑和自然之间消除界限，合二为一，同时以其丰富的季相变化，使整个景观多了一份生机和韵味。

早在唐朝，园林工匠就已将木芙蓉与建筑搭配造景。唐时润州（今江苏省镇江市）的西北处有一城楼，因被芙蓉掩映，人称"芙蓉楼"，唐代王昌龄在此作《芙蓉楼送辛渐》，留下了"一片冰心在玉壶"的千古名句。

木芙蓉与建筑搭配时，可利用门、窗等作为框景材料。通过门窗外的植物配置，如

芙蓉与木质建筑搭配。

与下垂或攀缘植物迎春、紫藤、连翘、络石等搭配，让赏景之人感受四季变化，雅致至极。或种植在庭院的角隅，以白墙为纸，以木芙蓉的自然姿态和色彩作画，在不同时节将呈现风格各异的花木"水墨画"，若再配置几株石榴、红枫、银杏等秋天观叶树种更是平添一分古之韵味。中国古典园林中的建筑多为屋角起翘，华丽庄严，若配以二三株木芙蓉，则会使建筑增加灵动和活泼之感，或者在白窗拱门旁配以孤植木芙蓉，优美的枝条轻轻垂下，碧叶和粉花掩映在窗前，一时间，究竟是人美还是花娇，竟难以分辨。

四、芙蓉与其他园林植物搭配

在园林造景中，不光要注重花木与山石、建筑等其他硬质元素的互相搭配，同时也要结合季相变幻、色彩形态等处理好花木和花木之间的关系。木芙蓉是深秋开花的观赏植物，在充分考虑生物学特性的前提下，在配置上具有极高的适应性。木芙蓉以其碧绿灵动的叶片来衬托春光中的万紫千红，同时又以其绚丽多彩的花朵来抚慰深秋时的萧瑟寂寥。

芙蓉与其他园林元素形成一个有机的整体。

秋日里烟笼寒水，芙蓉约隐约现。

　　"清溪数曲，宜栽芙蓉，临水照之，潇洒无俗韵；且杂以红蓼，映以白荻，花光波影，上下摇荡，犹似云霞散绮，绚烂非常。"古文中记载，芙蓉临水种植最好与一种叫"红蓼"的植物相配，便会有"红蓼花开水国之秋"的绝佳景色了。红蓼也于秋季盛放，它们总是成片地出现在水岸之滨，如红云染红了江岸，渲染出浓浓的秋意。近代作家、园艺家周瘦鹃先生，依据他自身种植的经验断定木芙蓉是喜水的，宜与红蓼搭配栽于池边。他曾写《蓼花和木芙蓉》一文，里面就讲到了将蓼花与木芙蓉一起种在池边，他觉得这两种花在菊花开后是最美的深秋景色，搭配在一起非常令人心醉。此外周瘦鹃先生还曾写过一篇《水边双艳》："说也奇怪，我的园子里所种的这两种花，有种在墙角的，有种在篱边的，似乎都不及种在池边的好。足见它们是与水有缘，而非种在水边不可了。"木芙蓉和红蓼均身姿修长曼妙，随风摇曳时倒映在水中的样子，想必是一幅清丽动人的画面。

　　木芙蓉于深秋开花，与秋季观叶树种相搭配可构成绚丽多彩的秋景，如木芙蓉和银杏便是绝配。一个是成都市花，一个是成都市树，它们的搭配别具成都韵味。春夏之际，木芙蓉和银杏高下相照，错落有致，丰满圆实与笔直挺拔的树形相衬，同时两者形态各异的叶片形成了别具一格的景色。深秋，木芙蓉摇身一变，炫若云彩的花朵铺满了整个树冠，而银杏则满树金黄，阳光洒下，斑驳一片。微风徐来，一个摇曳生姿，一个飒飒作响，木

芙蓉"仙女"照水梳妆。

芙蓉如同一个甜美灵动的少女，在一阵悦耳动听的旋律之下翩翩起舞，甚是美好！

此外，木芙蓉还可以与水杉、池杉、水松、垂柳、枫杨、栾树、喜树等木本植物，以及芦苇、花蔺、香蒲、菖蒲、荷花、睡莲、慈姑、千屈菜、虎杖等草本耐水湿植物配置在一起，能够共同营造出四季有景且富有野趣的水滨宜人景色。

第三节 芙蓉的种植技艺

古人认为种植芙蓉有三利。一利，皮可制麻，干为柴薪；二利，山麓植之可固路基，使砂石不冲进溪涧，河床不淤塞；三利，庭院深秋菊花开后它再点秋景，为时令名花，怡情悦目。那么怎样才能种好芙蓉呢？

木芙蓉喜温暖湿润、阳光充足的环境，亦耐旱、耐水湿、略耐阴，不耐寒。它为深根性植物，根系粗壮稍具肉质；对土质要求不严，在疏松、透气、排水良好、土质肥沃之处生长良好，尤以邻水栽培为佳。在长江以北地区露地栽培时，冬季地上部分常冻死，但翌年春天又能从根部萌发新梢。冬季在株丛基部埋土防寒，可使其安全越冬。

任何有效的种植技术都是围绕不断调节和改善有机体与周围环境相互关系，使二者更加协调，最终达到植株的生长发育始终处于最佳状态这个目标进行的。关于木芙蓉的种植主要有以下要点。

一、繁殖技术

木芙蓉主要通过扦插、嫁接及播种方式繁殖，以扦插方式为主。

1. 扦插育苗

扦插育苗为无性苗，由扦插苗长成的植株因具有与母本相同的基因型，能保持原始亲本的性状，表现出无性繁殖后代的遗传稳定性。扦插苗在初期生长很缓慢，一旦根系形成以后生长速度很快，当年生的植株即可开花。芙蓉枝条扦插易于生根，成苗率高，在生产上广为采用。具体操作如下：

一般在3—4月，选取一年生木质化健壮、无病虫害的枝条，截成长15～20厘米、基部斜切45°、具有2～4个饱满芽的插穗。扦插基质为腐殖土，扦插前用70%甲基硫菌灵可湿性粉剂800倍液等杀菌剂进行土壤消毒。扦插前，插穗用30%多·福可湿性粉剂500倍液消毒处理，再用600毫克/升的萘乙酸溶液速蘸3～5秒，扦插深度为插穗长的1/2～2/3，浇透定根水。扦插后注意遮阴（强度为60%左右）和通风。扦插生根萌芽后，新抽叶片数量达到3片以上时进行移栽。为能有较高的成活率，移植时要保护幼根不受损伤，所以时间宜早不宜晚。

芙蓉扦插与播种育苗。

2. 嫁接育苗

嫁接育苗技术是将优良品种的枝或芽（接穗）移接到另一植株或者插穗（砧木）上，嫁接口愈合之后二者结合长成新的苗木。通过嫁接育苗这种无性繁殖方式，利用砧木和接穗的相互作用，能获得数量多、遗传品种好的株苗。芙蓉的嫁接具体操作如下：

一般在4—6月，选择优良无性系和优良品种的树冠外围一年生、木质化、无病虫害的健壮枝条，用抗性强、生长健壮的木芙蓉作砧木，采用切接法进行嫁接。切接刀在接穗基部没有芽的一面起刀，削成一个长2.5厘米左右的长平滑斜面，在另一面削成长不足1厘米的短斜面，使接穗下端呈楔形。再根据接穗的粗细，在砧木比较平滑的一侧，用切接刀略带木质部垂直下切，切面长2.5厘米左右。将削好的接穗长的削面向里插入砧木切口中，并将两侧形成层对齐。最后绑上嫁接膜，注意松紧适度，既不要损伤组织又要牢固。

独干芙蓉采用高接，丛生芙蓉采用低接；嫁接部位均在距离分枝基部5～10厘米处。

3. 播种育苗

播种培育的为实生苗。由实生苗长成的植株，根系发达，寿命较长；缺点是幼苗阶段生长缓慢，通常要经过两年的栽培时间才能开花。种子育苗一般用于选育新品种，在生产上很少采用。芙蓉播种育苗具体操作如下：

3—4月进行播种。播种前用磨砂纸对种子进行磨毛处理，再将其与河沙混合均匀后撒播。土壤消毒方法同扦插基质。播种后7～10天种子开始发芽出土，待幼苗长出2～3片真叶时，进行移栽上盆炼苗。

二、栽植要点

1. 水分

水是植物体的重要组成部分，其含量常常是控制生命活动强度的决定性因素。芙蓉移栽后要浇灌定根水，后面浇水频率根据天气决定，每次浇透，保持土壤湿润。

2. 施肥

肥料对任何植物的生长发育都是必不可少的。芙蓉生长迅速，花蕾较多，需要大量养分。在新枝生长的初期，根外施加复合肥或有机肥能促进枝叶生长，具体施肥量依土壤及植株生长情况而定。

3. 修枝整形

为了充分有效利用植株有限的养分和能量，让植株达到最佳观赏状态，需要在休眠期剪去病枯枝、交叉枝和过密枝，或将前一年长出的枝条全部切除以获得生命力旺盛的新枝。独干芙蓉在新枝生长稳定后，根据所需树冠形态有目的地去留枝条。丛生芙蓉修剪要本着疏密适当、均匀透风的原则，将树冠修剪成圆弧形。

4. 病虫害

芙蓉从嫩叶萌芽到开花结实的整个生长过程都存在病虫害的威胁。芙蓉的主要病虫害有：娇驼跷蝽（叶片和嫩茎）、蚜虫（枝、叶）、介壳虫（枝干）、棉铃虫（花和叶）、犁纹丽夜蛾（嫩叶）、棉大卷叶螟（叶）、白粉病（叶）等。

芙蓉日常管理。

第四节 芙蓉景观

芙蓉在长江流域以南都可以栽植，前面也提到了在中国的许多省份都有芙蓉分布，如四川、湖南、湖北、浙江、云南、江西、海南等。也正因为如此，因芙蓉景观而命名的芙蓉楼、芙蓉观、芙蓉寺、芙蓉江、芙蓉街等存在于多个省市。在浙江丽水市缙云县铁城村就有个芙蓉峡，名字源于这样一个美丽传说，东海八仙从西王母蟠桃会回来，见此处紫芝丛生，便一起入山采摘。而性急的蓝采和不小心将何仙姑的花篮撞翻，其中芙蓉散落一地，吸水而化成林，故称芙蓉峡。芙蓉峡里除了有大片的芙蓉花，还有独具特色的芙蓉小吃，吸引了来自江苏、上海、宁波、温州等地的大量游客。

芙蓉资源圃的开花盛景。

芙蓉小径。

　　因芙蓉树形有独干、丛生两种类型，可地栽或盆栽，所以造景时，可进行孤植、丛植、列植及片植等。以芙蓉为主题打造的景观主要有大型专类园、重要观花基地、绿化带、小游园等。尽管芙蓉在多个省市有分布，但因芙蓉与成都千年的历史渊源及厚重的文化底蕴，成都的芙蓉景观最为典型，下面以成都芙蓉景观为重点进行介绍。

　　中华人民共和国建国以后，成都市政府也曾大量种植过芙蓉，但由于一些原因许多公共绿地中的芙蓉被损毁，只留下少量的芙蓉花散存在居民院落。很长一段时间，芙蓉在成都人眼里，只闻其名，不见其影。后来，虽然城市园林绿化管理部门大量栽植了木芙蓉，但效果不明显，与成都"蓉城"的称号相比，仍然相距甚远。著名作家阿来在他的名作《成都物候记》中对此表达过惋惜："更为可惜的是，今天的成都城市中，虽然四处都可见到芙蓉，但成林成片者，已不能见。"当今，随着"花重锦官""天府文化"理念的推进和深入，"蓉城"的标识——芙蓉花愈来愈受到重视，成都市芙蓉景观也越来越散发出夺目光彩。

一、成都市植物园

1983年，芙蓉花被命名为成都的市花，成为成都的一张城市名片。同年成都市植物园成立，并开启了漫漫的芙蓉研究之路。从收集原生种和传统品种，到自主培育优良的芙蓉新品种，再到组建芙蓉研发中心；从综合的市花园到芙蓉专类园，再到一届届美丽盛大的芙蓉市花展，成都市植物园不仅一直致力于芙蓉品种的培育、扩繁及推广应用工作，同时也在芙蓉花的景观营造上不断地进行尝试和创新。

自建园起，成都市植物园就规划建设了市花园。市花园主要向广大市民展示芙蓉花的市花风采，同时配合展示国内部分代表城市的市花，是一个综合性的市花园。随着芙蓉新品种培育工作的不断推进和深入，为了让公众领略芙蓉花的千姿百态，成都市植物园于2017年启动市花园的扩建工作。改造后的市花园从原占地8000平方米扩建到19400平方米，集齐了四川乃至全国范围的大部分芙蓉品种，并对数量进行了大量补充。公众在园中不仅能看到不同品种的芙蓉争芳斗艳，还能感受芙蓉花与成都的历史渊源和文化内涵。在一片绚若云彩的芙蓉花丛中，一堵饱经沧桑的城墙屹然耸立，墙上墙下的芙蓉尽收眼底，而在城墙的一侧，一只石龟仿佛正在艰难地爬行着，一如张

成都市植物园中的芙蓉。

历届花展现场。

扫一扫，看实地精彩视频

仪筑城时那样坚毅，旁边的木制导视牌上也介绍了"花蕊夫人"的爱情故事和"龟画芙蓉城"的神话传说，让人们真实地了解到"蓉城"的历史由来。芙蓉园的半山坡上有一座古典雅致的镂空红亭，亭子正中央是一棵秀丽挺拔的大型芙蓉，而围绕着这棵芙蓉，镶刻着一块块木制科普导视牌，这上面讲述了芙蓉的生态特性、诗词画作及使用价值等知识，让人们从科学、文化、历史、生活等各个方面加强对芙蓉的认识，从而提高芙蓉在人们心中的影响力。

此外，成都市植物园自2014年起开始承办芙蓉市花展。市花展取消了原来多家单位共同参展的方式，改为用植物园自己苗圃生产的芙蓉在园内布展，以地栽芙蓉为主、盆栽芙蓉为辅。布置方式既有专类园内的片植，也有与亭、廊、桥等构筑物的搭配造景，还有在溪边、石头边、墙角营造的自然场景。植物搭配也更丰富，丛生、单干芙蓉的互相搭配，丰富了空间层次，再辅以秋季花卉和趣味小品做点缀，打造既美丽自然又趣味十足的场景。花展期间除了赏花，园内还会策划一系列有趣的科普活动，让游客朋友在赏花之余，更能了解到芙蓉的历史文化，了解大自然中植物的奥秘，受到了广大市民的喜爱。

鲜花山谷，芙蓉迎客。

二、鲜花山谷

2015年10月，在成都市林业和园林管理局（现为成都市公园城市建设管理局，下同）、成都市植物园、成都市农委、四川省林业厅生态旅游中心以及金堂县相关部门的大力支持和帮助下，成都首个芙蓉花观赏基地正式落户中国鲜花山谷。鲜花山谷位于中国四川省成都市金堂县转龙镇，地处中国最典型的方山丘陵区——川中丘陵西缘，占地面积1000余亩，距离成都市区66公里，交通便捷，区位优势明显。

目前，鲜花山谷内种植了8万余株芙蓉花，芙蓉花种类多达20余个，已成为成都市规模最大、品种众多的芙蓉花观赏基地。每当秋季来临，一朵朵芙蓉花迎着秋风，舞动着生命的旗帜，形成了一片灿若云霞的芙蓉天堂，对公众来说是一个沉浸式的芙蓉体验圣地。

未来，鲜花山谷还将进一步扩大芙蓉观赏基地面积，新增30万株芙蓉花，全力推进"中国芙蓉之乡"的建设，为把成都建设成美丽宜居的世界最大公园城市添光增彩。

扫一扫，看实地精彩视频

三、天府芙蓉园

天府芙蓉园位于成都市武侯区环城生态区，占地1800亩，一期已建设完成800亩，是锦城绿道江安森林段重要节点。天府芙蓉园东接规划新机场路，南临成都双流机场，西至江安河，北承中国女鞋之都，并在双流机场起降航线之下，是展示成都形象的重要窗口。

天府芙蓉园以打造"中国芙蓉赏花第一园、天府文化体验区、成都文化记忆体"为总体定位，构建起以天府文化为特质、以自然生态景观为载体、以多种体验活动为感受、以塑造芙蓉品牌为目标的文商旅相融合的城市空间。园区建设采用了最先进的全息投影、裸眼3D、发光材料、重力感应等体验系统技术和智慧灯杆、室外停车引导、职能远程管理等安全服务系统技术，是全国芙蓉品种最多、单园规模最大、科技集成度最高的生态公园。

2018年9月28日，在天府芙蓉园隆重举办了"首届芙蓉花节"开幕式。园内3万株、20多个品种的木芙蓉在和煦的阳光中竞相争艳，真是一派"东邻槛外芙蓉花，初开粲粲如朝霞"的景象。游人们纷纷拍照留影，大饱眼福。

天府芙蓉园是成都市在"擦亮蓉城名片，打造芙蓉文化产业"推进中的项目之一，是全球品种较全较大的芙蓉花观赏园。它为蓉城市民提供了一个休闲的后花园，是成都芙蓉文化发掘传承的一个载体。在这里可陶醉于花海，感受芙蓉的清秀和美艳，又可寻味成都这座城市的悠久历史记忆。

天府芙蓉园入口处的芙蓉花仙与芙蓉景观。

扫一扫，看实地精彩视频

四、其他地区

近几年随着成都市芙蓉栽植力度的提升，成都市街区绿化带、小游园的芙蓉景观效果有了较大改观。在人民南路、科华路、天府大道等重要的街区都出现了芙蓉的清姿丽影。

随着成都市对芙蓉的高度重视及相关政策的纷纷出台，四川其他城市也开始重视芙

成都市内的芙蓉景观。

市内河边的芙蓉。

蓉这一乡土植物的园林景观打造，如泸州、都江堰、绵竹、遂宁、眉山等城市在市区、高速公路两侧、高速公路服务站等处栽种了大片的芙蓉，形成了一道道靓丽的芙蓉风景线。除了全国芙蓉的自然分布地，成都市植物园还通过引种和援建园博园、小游园的形式，将芙蓉的新品种在武汉、上海、济南、南宁、杭州、北京等地进行了广泛的推广，让这朵成都的魅力之花开遍华夏大地。

2015年9月25日至2016年5月28日，武汉园博园举办了第十届中国（武汉）国际园林博览会。其中，成都园以芙蓉花为特色植物，配以桂花、香橼、山茶、鸡爪槭等植物，修建了芙蓉亭和芙蓉溪。到了秋季，这里便成了整个园子的主角。一片红白相间的花海映入眼帘，白的纯洁高雅，红的粉嫩浪漫，甚是好看。又如在武汉的经济技术开发区（汉阳沌口）内还有一座市级公园——汤湖公园，也是一个大型的芙蓉专类园。公园总面积555亩，其中水面面积240亩，木芙蓉是汤湖公园园花。芙蓉园位于汤湖公园东南侧，面积约为1.3万平方米，其中水域面积为4000平方米，绿地面积为9000平方米，景致优美。园内以楚文化和"芙蓉"文化为内涵，按景观设计和需要，栽植白芙蓉、红芙蓉、鸳鸯芙蓉、醉芙蓉等品种，通过与其他植物的合理搭配，辅以凉亭水榭、花架、亲水平台、小景等，构造出一个生态自然山水写意园。这其中丰富多样的芙蓉品种就是从成都市植物园引种而来的。

为了让芙蓉为人们提供更多更优的物质文化和精神文化产品，成都市公园城市建设管理局设立了针对市花芙蓉的初步建设思路：围绕建设国家中心城市的总体目标，按照《花重锦官城——增花添彩总体规划》，因地制宜地加大芙蓉花栽植力度，营造芙蓉文化氛围，延伸芙蓉产业链条，促进"一、二、三"产业融合发展，提高市花芙蓉在全国乃至全球的城市品牌影响力、文化产业带动力，将其打造成为"国际知名、国内一流、成都特色"的城市生态文化名片。

到2019年，全市芙蓉栽植总量将达到100万株，建成以芙蓉为主的赏花基地上万亩；加大对芙蓉花新优品种的推广应用力度，应用品种达12种以上；初步建成1个国际一流的芙蓉主题观赏园及文创园区；初步形成较为完善的芙蓉特色产业体系。到2022年，全市芙蓉栽植总量将达到200万株，建成以芙蓉为主的赏花基地3万～5万亩；继续加大新

公路旁边的芙蓉。

芙蓉为城市美丽的环境助力。

优品种培育力度，应用品种达15种以上；形成绿色、健全、高效、先进的芙蓉特色产业体系，把成都建设成为世界知名的芙蓉花观赏目的地和芙蓉花关联产业的高地。

相信到那时，芙蓉花在成都将开得更绚丽多彩，也将更有力地推动蓉城的生态文明建设。随着成都对外影响力的不断扩大，成都的生态名片——芙蓉也将开遍全国，走向全世界。

芙蓉文心

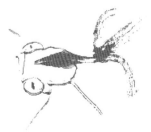

中华文明是人类最伟大的智慧结晶和宝贵财富，它如同璀璨汇聚的明星一样闪耀于九州大地上，而这其中最耀眼的那一颗当属中国文学。

歌谣、神话、诗篇、词赋、小说、随笔、传记……纵观这些动人篇章，不难发现在文学的殿堂里，花香四溢，经久绵长！《诗经》中的153首，《楚辞》中的101种，《唐诗三百首》中的136首，《花间集》中的的327首，《金瓶梅》中的210种，《红楼梦》中的242种，《西游记》中的253种……这些数字都是文人通过各种花木所凝聚的心血。不仅如此，在成语、俗语中以花作比的条目也随处可见，"投桃报李""并蒂芙蓉""拜倒在石榴裙下"等，都可以寻觅到花的踪影。此外，《南方草木状》《竹谱》《广群芳谱》等花木专著也体现了花木在我国文学史上的重要地位。的确，在中国文人心中，花木便是那个闪耀灵光的源头所在，取之不尽，用之不竭。他们赏花、爱花、咏花、赞花、论花，以花喻己，以花言志。总之，花木和中国文学有着说不尽、道不完的不解之缘……

在这浩瀚如烟的华章金句中，芙蓉花可能只是一粒微小的尘埃，它远不及牡丹、梅花那样地位煊赫、独领风骚。芙蓉花是低调的，在深秋默默绽放，但也正是那拒霜傲雪的飒爽英姿，成就了芙蓉花的不凡之美。从战国张仪的"神龟筑城"，到唐代薛涛的"芙蓉诗笺"，五代孟昶的"爱情之花，芙蓉之城"，宋代范成大的"冰明雨润天然色"，再到清代红楼中的"芙蓉女儿"，甚至是伟大领袖毛泽东的"芙蓉国里尽朝晖"……这些神奇的传说、动人的故事、豪迈的诗篇都有着芙蓉花闪烁的星光，它虽不是最亮眼的，但却一直照耀着，如同那霜露后的花，清芬弥远……

拒霜傲雪的芙蓉英姿。

第一节 芙蓉的文学审美

花木从很早就开始进入文学的视野，在我国最古老的诗歌总集《诗经》中就描述了桃、李、梅、兰等上百种花木。许多人认为那时候的人们主要关注的是花木的实用价值和观赏价值，但其实在《诗经》中也出现了很多通过花木来比喻或象征的诗句。如"颜如舜华，颜如舜英""视尔如荍"等用花木比喻娇艳动人的女子，表达了男子的倾慕之意，又如"投我以木桃，报之以琼瑶"象征心心相依的友情或爱情，以及"昔我往矣，杨柳依依"象征离别之情、思乡之情，等等。这就是花木较为早期的文学审美。随着人们对花木生物特性的深入了解，其独特魅力使得花木在历朝文士的笔下呈现出更丰富生动的审美意象。如屈原笔下的"纫秋兰以为佩"使兰花有了道德高尚的君子之意，陶渊明的"采菊东篱下，悠然见南山"使菊花具有不慕荣利、志存隐逸的品格，刘禹锡吟诵的"唯有牡丹真国色，花开时节动京城"突出了牡丹雍容华贵、大气磅礴的王者风范。即使是同一种花木，也可以被文人赋予不同的性格特征。如陆游的梅花是忧愤、伤感的；王冕的梅花是不惧世俗、独善其身的；苏轼的梅花却是温柔多情、美艳多姿的；而毛泽东的梅花则又是斗志昂扬的，象征了充满希望和朝气的新时代。

在众多文学作品中，芙蓉花是美丽多情的，是孤独惆怅的，亦是坚韧无悔的……它丰富的内涵值得我们细细品鉴！

一、美丽多情的爱情之花

木芙蓉是美丽的。它有着娇艳动人的色彩，娴静典雅的姿态，就如同有着如花笑靥的妙龄少女。同一朵花从纯白变成淡粉，再变成酡红，就好似少女脸上的红晕，随着酒意和情意慢慢晕染开……文人以木芙蓉来比喻娇艳美人由来已久。如徐铉的"怜君庭下木芙蓉，裊裊纤枝淡淡红"，又如王安石的"正似美人初醉着，强抬青镜欲妆慵"，以及范成大的"慵妆酣酒夕阳浓，洗尽霜痕看绮丛"，等等。这些诗句里的芙蓉花都彷佛变成了一个个生动的美人，

爱情之花。

她们或是依偎在小窗前正梳妆，或是垂照于碧水幽波之上，又或是午后微醉，甚显慵懒之美。文学作品中，描写美人的故事往往和浪漫的爱情有关。

后蜀主孟昶为博爱妃花蕊夫人一笑，在成都城上遍种芙蓉花，一时如云如霞，芙蓉花象征了他们之间的浪漫爱情和绵绵痴情；大唐才女薛涛和知己元稹两情远隔，为了寄托相思之情，她用芙蓉花做成了桃红色的小巧书笺，与有情郎互诉衷肠，芙蓉花象征了他们之间炽烈的爱情之火；还有红楼梦里的黛玉和晴雯，她们都是曹雪芹笔下的绝色美人，然而一个掷到了芙蓉花签，一个被称为芙蓉花神，她们对宝玉的爱是真挚而又直接的，芙蓉花象征了他们之间至纯至美又感人肺腑的真情。文学中关于芙蓉花的爱情故事还有很多，这些爱情有甜蜜的时刻，有惆怅的时刻，有热烈的时刻，有悲痛的时刻，也有绝望的时刻，但也许这就是爱情的真谛，即使快乐的时间很短暂，也要在有限的生命里尽情去爱。就如同芙蓉花一般，一朵花的生命只在朝夕之间，但它也会尽情绽放，用生命变幻着色彩，留给世人最美的记忆！

二、孤芳自赏的隐士之花

"花房腻似红莲朵，艳色鲜如紫牡丹。"在白居易眼中，木芙蓉是美丽的，它优雅的花朵如同水中的莲花，绚丽的颜色又好似高贵的牡丹。的确，木芙蓉和荷花、牡丹这两种花渊源颇深。芙蓉自古就有两种解释：出于水者，谓之荷花；出于陆者，谓之木芙蓉。而红色重瓣芙蓉又颇似牡丹，就连在民间的工艺品或绘画作品中，木芙蓉都和牡丹一起被作为富贵荣华的象征。然而即便如此，木芙蓉的名气和地位却远不及牡丹和莲花。牡丹在《花经》中被列为一品九命，尊为花中之王；荷花在《花经》中被列为三品七命，尊为花中君子；而《花经》中的木芙蓉却是九品一命，品阶低微。且木芙蓉又开在清冷孤寂的秋风之中，万花凋零，形影相吊，尽管它用力绽放出了绚丽的花朵，却始终无法和沐于春风或雨露之中尽享世人青睐的牡丹和荷花相比。生于秋江上的木芙蓉只能孤芳自赏，摇曳于风霜之中，其清冷的境遇不免让人唏嘘嗟叹！

隐士之花。

就如同现实中那些空有满腹才华，却无法得到认可和赏识，甚至遭遇冷落的文人才子，他们叹自己生不逢时，成为"俟命之君子"，在为木芙蓉大鸣不平的同时，也诉说着自己怀才不遇的苦闷。"小池南畔木芙蓉，雨后霜前着意红。犹胜无言归桃李，一生开落任春风。""冰明玉润天然色，凄凉拼作西风客。不肯嫁东风，殷勤霜露中。""妖红弄色绚池台，不作匆匆一夜开。若遇春时占春榜，牡丹未必作花魁。""却笑牡丹犹浅俗，但将浓艳醉春风。"这样的心情不仅为男子独有，善于以花比美人的《红楼梦》在"掷花签"的情节中也有一番描述。宝钗的花签画有牡丹，题着"艳冠群芳"四字；而黛玉的花签画有芙蓉，却题着"风露清愁"。两相比较，牡丹花签的王者之位和芙蓉花签的孤芳自赏形成鲜明的对比，而这也暗示了两人不同的命运。从元妃对她们赏赐的薄厚高低及王夫人驱逐了"眉眼有些像林妹妹"的晴雯等情节可以看出，黛玉从一开始就受到了忽视和冷落，她虽生得美丽动人，又颇有才情，与宝玉也是真心相爱，但终究还是输给了更符合封建礼制审美的薛宝钗，就如同孤芳自赏的秋芙蓉在名花地位上输给了冠艳群芳的春牡丹。她和晴雯一样深爱着宝玉，也一样遭受着不公的命运，既然世俗不能认可，那便隐去！黛玉仙逝了，晴雯在死后做了芙蓉花神，这便是木芙蓉作为高洁隐士的象征。

三、保家卫国的守护之花

木芙蓉枝丛甚多，且枝叶繁复茂密，可以防止雨水直接冲刷墙土；其地下部分盘结交错，能够深植于底层之下，加大了与土壤的接触面积，在生态防护中可以起到防止水土流失的重要作用。大面积种植木芙蓉，可以增强边坡的稳固性。而智慧的古人很早就明白了芙蓉花和城池安危的紧密联系，文学作品中就可以体现出来。战国时期张仪筑成都城的历史传说中，芙蓉花象征了坚固的城墙；后蜀主孟昶护城的故事中，芙蓉花成为了蜀国天然的屏障，使土城在雨水绵绵、水网密布的成都平原中免于崩塌之险，用自然之躯守护了一方百姓的安危；再如"芙蓉女勇斗恶龙"的神话传说中，一位叫作"芙蓉"的姑娘为了守护蜀国城中的百姓，勇提宝剑，和为祸四方的黑龙殊死搏

守护之花。

斗，终于将其斩于剑下，却终因伤势过重献出了生命，鲜血染红了水边的朵朵红花，百姓感念于她，便将此花称作芙蓉花，可见芙蓉花在文学作品中也具有保家卫国的守护精神！

四、傲霜拒霜的坚韧之花

明朝李时珍在《本草纲目》中说："木芙蓉……其干丛生如荆，高者丈许。其叶大如桐……冬凋夏茂。秋半始着花，花类牡丹、芍药，有红者、白者、黄者、千叶者，最耐寒而不落，不结实。"木芙蓉始开于仲秋八月，此时百花凋谢，落英满地，乘着寂寥的秋风，迎着霜寒露冷，木芙蓉傲然绽放于枝头。历代文学作品中大量描写了秋天盛开的木芙蓉。如"谁怜冷落清秋后，能把柔姿独拒霜""千林扫作一番黄，只有芙蓉独自芳""新开寒露丛，远比水间红"等。这些诗句中，文人都毫不吝啬地夸赞了木芙蓉带霜而开、独殿群芳的秉性，它不仅拒霜，还傲霜迎霜，甚至是宜霜，可谓是霜越打、花越红。这样坚韧的品格是最为文人所称道的，他们甚至认为木芙蓉和"花中隐士"菊花一样值得尊敬和赞颂，就如同诗中所说："堪与菊英称晚节，爱他含雨拒霜清。"文人们将这种对理想人格的追求寄托在这朵拒霜花上："不趋时以逐荣，历迟暮而独妍。岂凋贞于霜雪，况比色于绮纨。洵玩操之可嘉，知春华之莫班。"芙蓉花不与世俗为争，又不畏权贵，孤标傲世，红楼女儿又何尝不是如此！黛玉面对"风刀霜剑严相逼"的境况，仍然不肯低头，她鄙弃权贵，有着"质本洁来还洁去"的自我坚守，因此曹雪芹让她掷到了"芙蓉花签"；再如晴雯，她不甘遭庸人驱使驾驭，面对封建强权，她奋起反抗，即使豁出性命，也要求得清白，最终被赋予"芙蓉花神"的结局。可见，木芙蓉在文学作品中被赋了了非常深刻的精神内涵！

第二节 芙蓉与诗词

在中国历史上众多歌咏花木的文学作品中，诗词无疑是最受中国人民喜爱的。其数量最多，成就最大，传诵度也最广。描写花木的诗词在先秦时期的《诗经》中就已大量出现，从记录花木与人们生活中的联系，到通过花木喻人比德，古人的情思通过花木组成了一句句美妙动听的话语；战国时期，屈原在《楚辞》中将花木和文人的高尚气节联系在一起，花木被赋予了君子或小人的象征意义；到了声色大开的六朝时代，花木一跃成为诗作中的主角，文人对花木的色泽和姿态做出了更加细致和细腻的描写，开创了"咏花诗"这一新的门类，可是此时的咏花诗虽也多彩多姿，但缺乏情感寄托；唐代是诗歌发展的巅峰，加之赏花之事盛行，咏花诗得到了进一步发展，在国花牡丹的影响下，处于盛世的文人在咏花之时大多受到崇尚富丽的审美风气影响；五代十国，尤其是后蜀，花木又与词紧密地联系在了一起，特别是在《花间集》中，花木常与美人作比，又或是象征了浪漫的男女之情；到了宋代，随着中国传统文人气质的形成和诗词的再度崛起，花木在诗词中的形象变得更为立体丰满，文人开始通过花木表达各种情感，或是思索自身人格命运，或是表达对生活的渴望、对理想的憧憬，又或是对家国的热爱、对故人的思念等。

邓国光先生在《中国花卉诗词全集》中描述到："中国花卉诗词独具特色，为世界其他咏花文化无可比拟，主要特点有三：第一，内外并重，形神兼美。第二，天人一体，人花通灵。第三，或比或兴，异彩纷呈。"可见，花木和诗词在发展历程中可谓是相互成就。花木在诗词的咏诵中从形化到心化，到人化，再到神化，造就了花木在人们心中理想而美好的形象；而诗词通过花木的形象从咏物到伤怀，到思人，再到颂志，成就了中国诗词在世界文学作品中辉煌灿烂的地位！

木芙蓉在文学作品中最早以神话传说或历史故事的形式出现，自唐代，木芙蓉才逐渐开始成为诗词中咏叹的对象。唐代的王维、韩愈、白居易、柳宗元、薛涛等著名诗人都曾为木芙蓉的美丽所倾倒，为木芙蓉的品格所折服；宋代是木芙蓉在诗词路上的巅峰时期，欧阳修、苏轼、陆游等诗词大家争相歌颂木芙蓉拒霜傲霜的坚韧品格，甚至是将此花自比，感叹、伤怀之情流淌于笔墨之间。据不完全统计,木芙蓉在《先秦汉魏晋南北朝诗》中出现3次,《全唐诗》中出现17次,《宋诗钞》中出现20次,《全宋词》中出现37次,《元诗选》中出现7次,《全金元词》中出现9次,《明诗综》中出现6次,《全明词》中出现121次,《清诗汇》中出现3次。木芙蓉在这些诗词中的称呼较多,如芙蓉、木莲、木末、拒霜、木藁、木菡萏等,它在诗词数量上虽然还不及牡丹、梅花那样的天之骄子,但这种在秋江上傲霜而开的花,哪怕孤芳自赏,也要在这人世间绚丽绽放!

芙蓉花常生于秋水边,纤细的枝条、碧绿的叶片,衬出一朵朵娇艳明亮的花儿,甚是美丽动人。又有一日内三变色,晨正白、午微红、夜深红的品类"醉芙蓉",就好似带着醉意、露着情意的美人,不免让诗人为其挥墨吟唱。北宋著名文学家王安石就曾为木芙蓉写过一首七言绝句。

木芙蓉

宋 王安石

水边无数木芙蓉,露染胭脂色未浓。
正似美人初醉著,强抬青镜欲妆慵。

露染胭脂色未浓。

　　"水边无数木芙蓉"是说木芙蓉的生长之地。木芙蓉性喜水湿，它的临水之姿也多被文人喜爱。"露染胭脂色未浓"，花的颜色就好似美人刚刚染上的淡淡胭脂。"正似美人初醉著，强抬青镜欲妆慵"，又好似美人饮酒初醉，忍着醉意勉强抬起青镜，想要梳妆打扮一下自己，可是已乏力而慵懒了。在第三、四句中，诗人将芙蓉花比喻为醉态美人，十分贴切。"初"字用得尤其巧妙。初醉时，只是脸色微红，醉眼惺忪，还能勉强挪动身躯摇摇晃晃地"强抬青镜"。若是大醉以后，便会狼藉满地，呼呼睡去，又何美之有？这芙蓉美人酒醉后酡红的脸，在碧波水面上照映出来，不正是绝色吗，又何必再施铅华呢？

　　再回过头来看第一句。"水边"二字正隐含着"青镜"之意。映着芙蓉的水面，和照着青镜的美人，呼应成趣，给这首诗增加了许多意境。"无数木芙蓉"，又让我们不禁想象芙蓉王国的众多仙女，一个个似乎已"初醉"，而在水边"欲妆慵"，既动人又壮观。

慵懒还羞的芙蓉花。

遍地的芙蓉花在如镜的水面中摇曳，仿佛美女在岸边露出醉酒后的潮红，岸边水上，浑然一体，境界超凡！

喜爱木芙蓉照水之美、初醉之姿的诗人远不止王安石一个！

题殷舍人宅木芙蓉（节选）

五代 徐铉

怜君庭下木芙蓉，袅袅纤枝淡淡红。
晓吐芳心零宿露，晚摇娇影媚清风。

题羔羊斋外木芙蓉

宋 范成大

慵妆酣酒夕阳浓，洗尽霜根看绮丛。
绿地团花红锦障，不知庭院有西风。

九月八日赋二种芙蓉二首 其二转观芙蓉

元 蒲道源

露凉风冷见温柔，谁挽春还九月秋。午醉未醒全带艳，晨妆初罢尚含羞。
未甘白绽居寒素，也著绯衣入品流。若信牡丹南面贵，此花应是合封侯。

这些诗人笔下的木芙蓉都化作一个个娇艳婀娜的美人，尽显微醉后的慵懒之美。而美人通常又多与爱情相联系，木芙蓉在历史传说中多作为浪漫爱情的象征，但在诗词中这种意象并不多见，北宋著名的文学家、政治家晏殊就为大家描述了这么一朵象征爱情的芙蓉花。

少年游·重阳过后

宋 晏殊

重阳过后，西风渐紧，庭树叶纷纷。
朱阑向晓，芙蓉妖艳，特地斗芳新。
霜前月下，斜红淡蕊，明媚欲回春。
莫将琼萼等闲分，留赠意中人。

斜红淡蕊，明媚欲回春。

重阳节过后，西风凛冽强劲，深秋的庭院已是落叶纷纷。在这个秋日的清晨，朱红色栏杆外的木芙蓉却开得娇艳动人，像是特地在斗艳争芳。月升霜降，那一支斜立着，红艳娇媚，花蕊清香缕缕，彷佛回到了温暖的春天。不要把这玲珑剔透的花儿随便摘下来送人，还是留着它赠送给意中人吧！

词人在开篇以渐紧的西风和纷纷的落叶作铺垫，描绘木芙蓉所处的恶劣环境，突出木芙蓉强劲的生命力。随后又以"朱阑向晓"为主角的出场营造典雅清绝的场景，"特地"二字极具拟人效果，天边朝霞，朱红雕栏，再加上木芙蓉的红花娇艳，就好似是它们特地走到一起，在这萧瑟的秋天争芳斗新。月下芙蓉更显清妙雅态，即使是"霜前"也不改其色、不改其姿，反而更显姿色。最后两句则直接表达了词人对芙蓉花的珍惜与热爱，他不愿意把这犹如盛开于仙境中的花朵随意赠送，而是珍藏起来，只赠给意中人，期望意中人也能像自己一样，享受美好事物给予的欢愉快乐。

晏殊的词吸收了"花间派"的婉约词风，词语清丽，词风典雅，他通过描述芙蓉花的美丽表达了恋人之间最纯挚的婉约之情！而豪放派的文人更擅长通过花木等自然之物表达波澜壮阔的豪放意境。

秋宿湘江遇雨

唐 谭用之

江上阴云锁梦魂，江边深夜舞刘琨。

秋风万里芙蓉国，暮雨千家薜荔村。

乡思不堪悲橘柚，旅游谁肯重王孙。

渔人相见不相问，长笛一声归岛门。

　　被阴云笼罩的湘江，使人心情惆怅，作者深夜在江岸徘徊，不禁想起刘琨的远大抱负。秋风吹动，万里的芙蓉花摇曳生姿；暮色雨中，千家的薜荔苍翠欲滴。作者思乡情切，看见橘柚不免更加悲叹；羁旅他乡，如被抛弃之人无人看重。就连打渔人也不与诗人说话，自顾吹着长笛回岛门了。

　　诗人描述了一片广阔无边的芙蓉花海和绿色原野，壮观的湘江雨景让诗人心境变得开阔，但当他看到湘江两岸硕果累累的橘柚，不免想到自己生不逢时，又羁旅他乡，有志难骋，不觉凄苦悲凉，让人感慨万千。而同样是万里壮阔的芙蓉之国，伟大领袖毛泽东却写出另一番意味！

七律·答友人

毛泽东

九嶷山上白云飞，帝子乘风下翠微。

斑竹一枝千滴泪，红霞万朵百重衣。

洞庭波涌连天雪，长岛人歌动地诗。

我欲因之梦寥廓，芙蓉国里尽朝晖。

　　这首诗是毛泽东写给友人周世钊的诗信，开篇通过娥皇与女英两位仙子幻化出一幅浪漫缥缈的画面，同时也在此中寄托了对早年间英勇牺牲的妻子杨开慧的绵绵哀思，感人至深。"洞庭波涌连天雪，长岛人歌动地诗"，转念间，毛泽东又为读者展现了一幅波涛汹涌、水天相连、气势磅礴的画面。那阵阵波涛声不正像中华儿女为建设社会主义所谱写的一首首震天地、撼山河的战歌吗？尾联中，毛泽东接连化用李白在《梦游天姥吟留别》中的"我欲因之梦吴越"及谭用之在《秋宿湘江遇雨》中的"秋风万里芙蓉国"，写出了一句绚丽飘逸又激情澎湃的壮丽诗句："我欲因之梦寥廓，芙蓉国里尽朝晖！"我们的祖国也会像那盛开着万里芙蓉花的国度，朗照着充满无限希望的朝霞光辉！

以上两首具有不同意境的诗作都描写了盛开在湘江边的芙蓉花，而在西南蜀地，芙蓉花和成都城也有着别样的美丽动人！

咏蜀都城上芙蓉花

五代 张立

四十里城花发时，锦簇高下照坤维。

虽妆蜀国三秋色，难入豳风七月诗。

蜀主芙蓉城

宋 汪元量

芙蓉城上草萋萋，吊古徘徊日欲西。

帝子不来花蕊去，荒唐无主乱鸦啼。

成都竹枝词

清 佚名

一扬二益古名都，禁得车尘半点无。

四十里城花作郭，芙蓉围绕几千株。

这三首诗都描写了芙蓉花和成都城的景色，却因为不同的时代背景被赋予了不同的情感色彩。第一首诗为后唐五代诗人张立所作，诗人在开篇描绘了四十里芙蓉花盛开，花团锦簇、辉映大地的景象，然而这种明艳灿烂的景象在当时的时代背景下是被诗人所诟病的，诗人借用"豳风七月"，讽刺了后蜀主孟昶贪图奢侈享乐，不把精力放在民生之上。生于忧患、死于安乐，这个被后人赞叹的浪漫景象在诗人看来，实乃一种弊政！而第二首诗写于飘摇动荡的南宋，成都在抗元斗争后遭遇了蒙古大军的入侵，国破人亡，芙蓉城

艳色芳姿。

已是杂草丛生，人烟寥落，蜀主和花蕊夫人已远去，只有亡国的黑鸦在声声凄鸣，这种强烈的悲痛流于诗间。最后一首是清代的竹枝词，竹枝词被认为起源于四川地区，对清代现实主义诗的兴起产生了深远影响，竹枝词写实的特点，使其能传递大量关于民风民俗和日常生活的信息，这在传统史料中是十分罕见的。从词中可知，当时全国最富庶繁荣的地区，一是扬州，一是成都，姹紫嫣红的芙蓉花在成都城墙上热情开放，绵延四十里，好不气派！

从上面三首诗词中可以看出，成都的芙蓉花随着时代变迁，其情感意境在不断流变，唯一不变的是文人们对芙蓉花的深情厚意！这种情意不仅是因为芙蓉花的艳色芳姿，更是因为它那拒霜傲霜的坚韧品格。这也是文人为之挥洒笔墨、竞相歌颂的主要原因。

拒霜花

宋 王安石

落尽群花独自芳，红英浑欲拒严霜。

开元天子千秋节，戚里人家承露囊。

拒霜

宋 陆游

满庭黄叶舞西风，天地方收肃杀功。
何事独蒙青女力，墙头催放数苞红。

和陈述古拒霜花

宋 苏轼

千林扫作一番黄，只有芙蓉独自芳，
唤作拒霜知未称，细思却是最宜霜。

这几首诗都为宋朝最杰出的诗词大家所作，所写之物都为木芙蓉，所作之题均为"拒霜"，赞美的也自然都是木芙蓉在风霜中独自开放的坚强和豪迈。王安石通过描述抗拒寒霜侵袭之后的芙蓉花独自吐露芳菲，来歌颂唐玄

拒霜而开的芙蓉象征着君子。

宗的繁盛时代；陆游笔下的木芙蓉在万物肃杀的秋风下，含苞绽放，这何尝不是大自然赐予的另一种力量呢！而苏轼所歌颂的木芙蓉则更显英姿飒爽。他认为，严霜越打，芙蓉花却越是鲜艳，显然它最适宜于在霜天里生长，叫它"宜霜"不是更好吗？木芙蓉这种坚韧不拔，于逆境处奋力而开的品格不仅给文人带来了灵感，更赐予了他们勇于抗争的力量。

窗前木芙蓉

宋 范成大

辛苦孤花破小寒，花心应似客心酸。
更凭青女留连得，未作愁红怨绿看。

诗人范成大是南宋名臣，当处于巴蜀异地的他望向窗外的木芙蓉，不禁想起了当年用此花入药而保全性命时的心酸之境，这花的辛味苦味和自己的辛苦生活不是正相同吗？这"孤"花和自己孤单单一人不是正相似吗？然而当诗人看到木芙蓉虽然处在困境，却能勇敢地与命运抗争，不由得又乐观激奋起来，想必是芙蓉花赐予的力量吧！

木芙蓉清姿雅质，独殿众芳；秋江寂寞，又不怨东风，可称俟命之君子矣！然而这样的君子却是命途冷清，连一个像样的名号都没有，怜惜它的文人不禁为之愤愤不平，在这其中也往往夹杂了他们如同木芙蓉不沐春风一般怀才不遇的苦闷！

木芙蓉三首之一（节选）

唐 黄涛

黄鸟啼烟二月朝，若教开即牡丹饶。
天嫌青帝恩光盛，留与秋风雪寂寥。

芙蓉五绝呈景仁

宋 韩维

不辞晨起立秋风，为爱浓芳露满丛。
若比洛阳花盛品，万枝开遍瑞云红。

木芙蓉

宋 郑域

妖红弄色绚池台，不作匆匆一夜开。
若遇春时占春榜，牡丹未必作花魁。

木芙蓉

唐 韩愈

新开寒露丛，远比水间红。
艳色宁相妒，嘉名偶自同。
采江官渡晚，搴木古祠空。
愿得勤来看，无令便逐风。

湘岸移木芙蓉植龙兴精舍

唐 柳宗元

有美不自蔽，安能守孤根。
盈盈湘西岸，秋至风露繁。
丽影别寒水，秾芳委前轩。
芰荷谅难杂，反此生高原。

  木芙蓉开在万物萧瑟的秋天，即使拥有卓绝的风姿和清丽的风骨也始终不及那沐浴于春风夏雨之中的牡丹和荷花在人们心中的地位。可是它比牡丹、荷花究竟又差在哪里呢？在这些诗人的心中，要是木芙蓉开在春天，牡丹可不一定会是花魁！错就错在它开放在秋季，不能怨春天的东风没有垂怜，只怪自己生不逢时吧！而面对木芙蓉地位不及荷花却与之同名的境遇，韩愈却认为，只有当真正看到秋露凝霜下欣然怒放的朵朵红花，你才会发现那抹红远比水间的来得更畅快，只是好听的名字偶尔相同罢了。彼时，佛教盛极一时，唐宪宗欲迎佛骨进宫，此事遭到韩愈等尊儒一派的大力反对，认为此举劳民伤财，事佛求福，乃更得祸。这个事件史称"谏迎佛骨"，韩愈因为此事被贬，险些丧命。他在此诗中以秋江边孤寂的木芙蓉比作衰落的儒学，又或是比作怀才不遇的自己，暗含排斥荷花所象征的佛教之意，希望朝廷能够爱惜人才，不至于埋没荒废！同样是以木芙蓉自喻，柳宗元写出了另一番天地。他赞美木芙蓉的丽影和芳姿，其实是写自己的才华和理想，虽被贬至永州，被人诋毁抛弃，但他不沮丧、不消沉。他的处世原则就像是木芙蓉一样，扎根高高的陆地，决不与浮于水上摇摆不定的菱荷同处。诗人爱花、护花，实为自爱、自慰，这也正是中国古代文人抚平内心创伤、驱走孤独忧愁的常见方式。

酬杜舍人

唐 薛涛

双鱼底事到侬家，扑手新诗片片霞。

唱到白蘋洲畔曲，芙蓉空老蜀江花。

望九华赠青阳韦仲堪

唐 李白

昔在九江上，遥望九华峰。天河挂绿水，秀出九芙蓉。

我欲一挥手，谁人可相从。君为东道主，于此卧云松。

耸立枝头不自弃。

菩萨蛮·木芙蓉

宋 范成大

冰明玉润天然色，凄凉拼作西风客。

不肯嫁东风，殷勤霜露中。

绿窗梳洗晚，笑把玻璃盏。

斜日上妆台，酒红和困来。

拒霜

明 申时行

群芳摇落后，秋色在林塘。

艳态偏临水，幽姿独拒霜。

巽公院五咏·芙蓉亭

唐 柳宗元

新亭俯朱槛，嘉木开芙蓉。

清香晨风远，溽彩寒露浓。

潇洒出人世，低昂多异容。

尝闻色空喻，造物谁为工。

留连秋月晏，迢递来山钟。

木芙蓉花下招客饮

唐 白居易

晚凉思饮两三杯，召得江头酒客来。

莫怕秋无伴醉物，水莲花尽木莲开。

辛夷坞

唐 王维

木末芙蓉花，山中发红萼。

涧户寂无人，纷纷开且落。

风霜雨露之后愈显娇媚。

芙蓉花

宋 欧阳修

红芳晓露浓，绿树秋风冷。
共喜巧回春，不妨闲弄影。

拒霜花·芳菲能几时

宋 欧阳修

芳菲能几时，颜色如自爱。
鲜鲜弄霜晓，袅袅含风态。
蕙兰殒秋香，桃李媚春醉。
时节虽不同，盛衰终一致。
莫笑黄菊花，篱根守憔悴。

九日湖上寻周李二君不见君亦见寻于湖上以诗

宋 苏轼

湖上野芙蓉，含思愁脉脉。
娟然如静女，不肯傍阡陌。
诗人杳未来，霜艳冷难宅。
君行逐鸥鹭，出处浩莫测。
苇间闻挐音，云表已飞屐。
使我终日寻，逢花不忍摘。
人生如朝露，要作百年客。
喟彼终岁劳，幸兹一日泽。
愿言竟不遂，人事多乖隔。
悟此知有命，沉忧伤魂魄。

生来清白作名花。

戏咏陈氏女剪彩花二绝句·拒霜

宋 杨万里

染露金风里，宜霜玉水滨。

莫嫌开最晚，元自不争春。

初见白芙蓉

齐白石

谁为乞取银河水，洗尽胭脂去世华。

不与娇娃斗容色，生来清白作名花。

芙蓉·最怜红粉几条痕

清 郑板桥

最怜红粉几条痕，水外桥边小竹门。

照影自惊还自惜，西施原住苎萝村。

第三节 芙蓉与戏曲

　　每个民族都有自己的歌谣，戏曲则是中华儿女最古老的歌谣。它与诗词文赋的最大不同在于，戏曲并非只是单纯供阅读的文本，而是一个个形象饱满、鲜明生动的人物和一支支曼妙委婉、韵律动人的唱曲，以及布景、舞台灯光等所组成的独具风貌的表演艺术，是中国文学的一支奇葩。从上古宫廷的"优伶戏"，到汉代的"傀儡戏"和"百戏"，再到唐代的"弄参军"，中国戏曲逐渐开始萌芽成形，宋代和金代的"杂剧"推动了戏曲继往开来地迈向"元明清时代"，迎来了发展的巅峰，《西厢记》《牡丹亭》《桃花扇》《长生殿》等具有时代意义的作品纷纷走上了历史的舞台。在这些作品中，花木虽很少成为主角，但同样在推动情节发展、凸显人物性格、渲染故事气氛等方面发挥着至关重要的作用。王实甫的《西厢记》中用"血泪洒杜鹃红""花落水流红"等烘托了不同的人物气氛，又用兰花、桃花、芙蓉等花形容崔莺莺之美。汤显祖则在《牡丹亭》中通过花园中桃花、杏花、荷花、牡丹等百花花神之间的唱词问答将剧情推向了高潮。

四川新都芙蓉花川剧团。

　　木芙蓉在古代戏曲中常用来象征浪漫的爱情。川剧《玉簪记·秋江》中叙写了南宋年间书生潘必正和女尼陈妙常的恋爱故事。潘必正为姑姑所迫，没来得及和陈妙常单独告别便匆匆赴临安赶考，船发出后，陈妙常紧随其后叫了一只小船去追别，还未追上时，船娘唱一支吴歌："风打船头雨欲来，满天雪浪，那行教我把船开。白云阵阵催黄叶，惟有江上芙蓉独自开。"妙常站在船头，接着这吴歌起兴自唱一支《红纳袄》，开头两句是："奴好似江上芙蓉独自开，只落得冷凄凄漂泊轻盈态。恨当初与他曾结鸳鸯带，到如今怎生分开鸾凤钗。"此中冷凄漂泊、独自开于江边的花正是木芙蓉，木芙蓉喻示了和情郎分别的女主人公，也象征了男女主角之间心心相恋却不被世俗认可的辛酸爱情。明代徐复祚的传奇剧本《红梨记》中，描述了山东才子赵汝州和汴京歌妓谢素秋之间一波三折有情人终成眷属的爱情故事，全文虽无木芙蓉的描写，但后世也将这个对爱情忠贞执着的女主角谢素秋与木芙蓉联系在了一起，成为广为歌颂的"芙蓉花神"！

　　在20世纪80年代的第一个春天，古老的川剧舞台上一出新戏脱颖而出——《芙蓉花仙》，这是一部真正意义上以"芙蓉花"为主角的大戏。该剧由四川省新都县（现为成都市新都区）芙蓉花川剧团整理演出，讲述了芙蓉仙子不畏王母等恶势力，坚持真爱，最终与相恋之人喜结连理的爱情故事。在这里，芙蓉花借仙子之名，成为纯洁正义、真情真爱的化身；芙蓉花也终于由曼妙的外形之美升华为敢爱敢恨的理想女性之美，为人们所赞颂。

《芙蓉花仙》在结构上独具匠心，把一个描述仙女思凡，几经磨难却终成眷属的略显老套的剧情，通过芙蓉花的串联，安排得起伏有致、引人入胜，"时而异峰突起，但并非节外生枝；时而事出意外，却全在情理之中"。全剧分为九场："采花""护花""幽花""赞花""浇花""恋花""斩花""寻花""伴花"，以"情"为轴线，如九节连环，环环相扣，流畅自然，一气呵成。其剧本语言也极具文采，保持了川剧作品富于文学性的优良传统。如"芙蓉温柔又刚强，笑迎秋风顶寒霜。花如朝阳破晓雾，风度高雅非寻常""仙姿玉骨临秋风，天涯何处觅芳踪？愿将此身化春雨，换得山野尽绯红"等唱词，既对仗工整，又朗朗上口，给人以美的享受，同时也表现出男主人公陈秋林爱芙蓉仙子不仅是因其美色，更看重和赞赏"芙蓉温柔又刚强，笑迎秋风顶寒霜"的高尚品格。剧中的芙蓉花仙就如同尘世间的木芙蓉，虽有倾国之色、倾城之姿，无奈生于寂寥秋风之中，而不得跻身名花之列。芙蓉花仙不被王母等仙班看重，被认为是凡花俗卉，幽禁于蓬莱，但也正是凭借木芙蓉的拒霜、傲霜、迎霜之坚韧品格，芙蓉花仙不惧权势，通过自身的努力和众花仙的帮助，最终和有情人相伴相守！

《芙蓉花仙》在舞蹈和音乐形式上也独具匠心，同时还不拘一格地把电影、杂技、幻术、武术、体操等技艺融入进去，创造出丰富的表现形式，大大增强了这出戏的观赏价值。如"空手现花"，显示了芙蓉的神仙身份；"腾云驾雾"，增强了全剧的神话色彩；"蜡

川剧《芙蓉花仙》。

烛明灭"，展示了芙蓉与陈秋林初会时相互爱慕但又羞于露面的内心世界；"变脸绝技"，揭示了芭蕉精的邪恶心肠和凶残本质；"满台开花"，赞美了真善美对假恶丑斗争的最后胜利，等等。正如原中国戏曲学院院长史若虚所说，《芙蓉花仙》"以其整体面貌出现于舞台上，体现了严整的'一棵菜'（戏曲行话的一种，强调戏曲演出是一个完整的艺术整体）精神"。

该剧以其艺术革新上的大胆尝试和舞台新秀崭露头角，使人耳目一新，受到了广大观众的热烈欢迎。从1980年上演至今，该剧已演出3000余场（1984年6月11日晚曾在人民大会堂为中央首长做专场演出），始终保持着高达90%的平均上座率，创我国舞台戏曲演出场次的最高记录。1997年，《芙蓉花仙》电视艺术片由中央电视台影视部、新都县委宣传部、四川电视台联合录制，荣获1997中国电视戏曲展播活动古装剧一等奖。此外《芙蓉花仙》的戏剧团先后应邀赴德国、法国、意大利、日本、朝鲜、蒙古、芬兰等国家演出，受到了国内外观众的热烈欢迎，并得到江泽民、李鹏、乔石、李瑞环等国家领导的亲切接见，同时获得多位外国元首的高度评价，可谓蜚声中外、闻名遐迩！

川剧《芙蓉花仙》。

第四节 芙蓉与小说、杂文

一、芙蓉花与《红楼梦》

在中国文学发展史上，相对于诗词戏剧而言，小说和杂文则是成熟时间相对较晚的文体。在这些作品中，以花木为题材的也有不少名篇佳作。明代四大奇书中除了《三国演义》较少涉及花木外，《水浒传》《西游记》《金瓶梅》中都有大量关于花木的描写。如《西游记》中那吃了可以长生不老的蟠桃果和人参果、扇灭火焰山的芭蕉扇、观音菩萨的杨柳甘露汁，甚至还有那个装下孙大圣的紫金红葫芦等，这些神奇的花木不仅塑造了一个个光怪陆离的故事，同时还成就了那个上天入地的孙大圣。而蒲松龄在《聊斋志异》中则描写了许多幻化为女性的花精，他们与人患难与共、生死相许，执着于爱情又甘于奉献。作者也正是通过这些集"真善美"于一身的花精来寄托自己的审美理想和人生理想，以达到对自己失意人生的自我救赎。

纵观中国小说杂文史，咏诵花木最丰富、刻画花木意境最深刻的当属中国古代四大名著之一，清代曹雪芹的巨作——《红楼梦》。曹雪芹奇思妙想，妙笔生花，为我们构建了一个与情感世界交相辉映的花木天堂。他以花为戏，通过"赏花、供花、画花、咏花、赞花"等故事情节抒发情怀，匠心独运地将花木的自然美转化为人物的性格美和艺术的文学美，正所谓"花与美人一起，是形成《红楼梦》世界的两大要素，如果两者缺一，《红楼梦》的世界就不会像今天所见到的这样绚烂华丽了"。

《红楼梦》中，曹雪芹最擅长以花喻人，他或是以花木为名（书中人物名字与花木有关的就几近50个），或是通过花木的自然特性喻示人物的性格命运。这种喻人的手法并非一花一人"对号入座"，不同的花可以喻示同一种人，同一种花也可以喻示不同的人。芙蓉花就被曹雪芹用来喻示了书中最重要的两个人物：林黛玉和晴雯。

《红楼梦》第六十三回中宝玉过生日，大观园中群芳齐聚怡红院开夜宴，占花签。黛玉掷得一支画有芙蓉的花签，题着"风露清愁"四字，背面一句旧诗："莫怨东风当自嗟。"注到："自饮一杯，牡丹陪饮一杯。"这其中，曹雪芹用芙蓉花喻示了黛玉的人物性格和命运归途。在《红楼梦》第七十八回中，主人公贾宝玉悲痛于丫鬟晴雯的惨死，为祭奠她的哀思作祭文——《芙蓉女儿诔》一篇，诔文前序后歌，共1320字，是《红楼梦》所有诗词文赋中最长的一篇。

维太平不易之元，蓉桂竞芳之月，无可奈何之日，怡红院浊玉，谨以群花之蕊，冰鲛之縠，沁芳之泉，枫露之茗，四者虽微，聊以达诚申信，乃致祭于白帝宫中抚司秋艳芙蓉女儿之前曰：

窃思女儿自临浊世，迄今凡十有六载。其先之乡籍姓氏，湮沦而莫能考者久矣。而玉得于衾枕栉沐之间，栖息宴游之夕，亲昵狎亵，相与共处者，仅五年八月有奇。

忆女儿曩生之昔，其为质则金玉不足喻其贵，其为性则冰雪不足喻其洁，其为神则星日不足喻其精，其为貌则花月不足喻其色。姊娣悉慕媖娴，妪媪咸仰惠德。

···········

始知上帝垂旌，花宫待诏，生侪兰蕙，死辖芙蓉。听小婢之言，似涉无稽；据浊玉之思，则深为有据。何也：昔叶法善摄魂以撰碑，李长吉被诏而为记，事虽殊其理则一也。故相物以配才，苟非其人，恶乃滥乎其位？始信上帝委托权衡，可谓至洽至协，庶不负其所秉赋也。因希其不昧之灵，或陟降于兹，特不揣鄙俗之词，有污慧听。乃歌而招之曰：

···········

若夫鸿蒙而居，寂静以处，虽临于兹，余亦莫睹。搴烟萝而为步障，列苍蒲而森行伍。警柳眼之贪眠，释莲心之味苦。素女约于桂岩，宓妃迎于兰渚。弄玉吹笙，寒簧击敔。征嵩岳之妃，启骊山之姥。龟呈洛浦之灵，兽作咸池之舞。潜赤水兮龙吟，集珠林兮凤翥。爰格爰诚，匪簠匪莒。发轫乎霞城，还徒乎玄圃。既显微而若通，复氤氲而倏阻。离合兮烟云，空蒙兮雾雨。尘霾敛兮星高，溪山丽兮月午。何心意之怦怦，若寤寐之栩栩？余乃欷歔怅望，泣涕彷徨。人语兮寂历，天籁兮篔筜。鸟惊散而飞，鱼唼喋以响。志哀兮是祷，成礼兮期祥。呜呼哀哉！尚飨！

红颜胜人多薄命。

质本洁来还洁去。

　　像《芙蓉女儿诔》一般具有如此长篇幅又洒泪泣血的著作，无论是在中国祭文史上，还是在中国小说史上，都有着继往开来的重要地位，足以见得作者对像晴雯这样的红楼女儿的喜爱之情和悲痛之情。晴雯是一个个性刚烈又敢爱敢恨的人，她"身为下贱，却心比天高"，然而无论是宝玉还是曹雪芹，都无疑是爱她的。

　　诔文的开篇即提到，"谨以群花之蕊，冰鲛之縠，沁芳之泉，枫露之茗"来祭奠这位芙蓉女儿，这四个天地之物象征了晴雯的芳醇气质、细腻情思、洒脱心怀和高贵品行，烘托出一个可爱可叹的奇女子。然而她的命运却是悲惨的，晴雯身世凄楚，在大观园中遭受了种种非议和排挤，她却不甘屈服于自身的命运与出身，面对封建强权的任意欺凌时，她横眉相对；面对风刀霜剑的无端猜忌时，她奋起反抗。这样激烈的女子对待同样处于低微境地的人们，又是温柔而带有善意的，诔文谈到晴雯时这样描述道："姊娣悉慕媖娴，妪媪咸仰惠德。"姊妹和妯娌们都仰慕她的贤淑文雅，老人们对她的智慧和德行表达了敬意。因此在宝玉心中，晴雯是善良而美好的，"其为质则金玉不足喻其贵，其为体则冰雪不足喻其洁，其为神则星日不足喻其精，其为貌则花月不足喻其色"。金玉和冰雪都不足以和她的高洁品质相较高低，星日和花月也不能和她的容貌光彩相与争辉。然而就是这样一个美丽高洁又脆弱敏感的生命却遭到了来自黑暗统治和封建势力最恶毒的镇压："花原自怯，岂奈狂飙？柳本多愁，何禁骤雨？偶遭蛊虿之谗，遂抱膏肓之疾。"在风雨的摧残下她的身体本就变得不堪，却又遇到了像毒虫一般的阴险小人的诽谤和陷害，晴雯的结局只能是郁郁而终。宝玉悲愤无比："钳诐奴之口，讨岂从宽？剖悍妇之心，忿犹未释！"他从内心深处鄙弃、痛恨这些残忍的凶手，同时他又对晴雯的反抗精神发自内心的赞赏和敬佩："既忳幽沉于不尽，复含罔屈于无穷；高标见嫉，闺帏恨比长沙；直烈遭危，巾帼惨于羽野。"她身份低微，怀有一颗不受尘俗蒙蔽的心灵，相比屈原、贾谊、昭君等人，她的反抗更加彻底，更让人感到灵魂的颤栗！

晴雯死了，但在真正怜惜她、深爱她的宝玉心中却并未死去。"上帝垂旌，花宫待诏，生侪兰蕙，死辖芙蓉。"晴雯被谥为"芙蓉花神"，悲愤不已又真情满怀的宝玉深信不疑，在诔文中晴雯从一名凡女变为花神，芙蓉花成为善与美的化身，也成为女性美的最高象征。宝玉在后文的招魂楚歌中塑造了一位圣洁高贵的"芙蓉花神"形象，她乘坐着玉虬、瑶象，在箕星尾星的照耀下，在危虚二星的护卫下，在云月二神鸾凤神鸟的迎送中缓缓升天。在升天的过程中，芙蓉花象征超越墓穴般黑暗现实的纯净，超脱于整个浊世之

芙蓉冰清玉洁之质。

上的不朽，成为宝玉心中完美女神的代表。宝玉对芙蓉花神的情谊倾注了他的全部热情、灵魂甚至是生命，在幻想与现实的交替中，宝玉如痴如醉，他已分不清这究竟是对晴雯的知己之情，还是对黛玉的挚爱之情。

黛玉掷到的花签是芙蓉，众人云："除了她，别人不配做芙蓉。"晴雯死后化身为芙蓉花神，在宝玉祭奠晴雯时，黛玉也是从芙蓉花影中走出。甚至当听到诔文中"眉黛"二字时，黛玉怵然变色，心中陡生无限怅然感慨，她的内心中是不是也有了一种预感呢？曹雪芹用尽笔力，用晴雯之死暗示了黛玉的悲惨结局。正如最了解曹雪芹的脂砚斋评说："知虽诔晴雯，实乃诔黛玉也！"这也印证了"晴为黛影，袭为钗副"这一广为流传的说法，晴雯和黛玉二人至真率性，是这红楼女儿中少数拒绝以面具示人的性情中人，她们对宝玉都怀有一腔炽热的情感，并且最终都因为这种炽热的情感付出了生命的代价！

《红楼梦》中的芙蓉花就如同这篇诔文一般具有诸多争议。韩愈曾在诗中说："新开寒露丛，远比水间红，艳色宁相妒，嘉名偶自同。"红楼里的芙蓉花到底是水间红的荷花，还是寒露丛中的木芙蓉？红学家们对于该问题一直争执不下。持荷花之说的学者们，主要认为木芙蓉在中国文化中的地位不能与荷花同日而语，不足以喻黛玉。此外黛玉的"质本洁来还洁去"正与荷花的"出淤泥而不染，濯清涟而不妖"的意象相符合，以及具有黛玉象征的"阆苑仙葩"和"绛珠仙子"之说都非荷花莫属等。除"荷花之说"外，甚至还有"水木合流之说"，即书中的芙蓉花是木芙蓉和荷花两种意象的结合。学者们力持己论，各有所证，此争议虽至今未决，但主张"木芙蓉"一派显然属于大流，本书也更倾向于"木芙蓉"论。

首先从物候时节来看。荷花盛开于农历六月，木芙蓉盛开于农历八月仲秋时节，此时荷花已大都凋残零落。而《芙蓉女儿诔》中的"蓉桂竞芳之月……乃致祭于白帝宫中抚秋司秋艳芙蓉女儿之前"，清楚地指明了祭奠芙蓉花神时正是秋季。晴雯死后，"恰好这是八月时节，园中池上芙蓉正开"的描述也印证了木芙蓉的说法，因为木芙蓉八月正盛，而池中虽还有残荷，却已不符合"正开"的说法。黛玉所掷花签上"风露清愁"四字也正与木芙蓉盛开的风寒霜露之秋相符，"莫怨东风当自嗟叹"也与秋夜的风露和清愁具有相似的意境。可见从物候和时节来看，《红楼梦》中的芙蓉花是秋季正盛的木芙蓉。

再从生长地点和形态特征来看。《芙蓉女儿诔》前后多次提到"池上芙蓉"这一说，许多人认为这是荷花的力证，实则不然。在本书的前文之中已论述了木芙蓉的照水之美，诗词中也多提到生于池边、湖边、江边的木芙蓉，《汉语大词典》中解释"上"也有"侧畔"之意，因此池上芙蓉也可指木芙蓉。此外，《红楼梦》中有"将那诔文即挑于芙蓉枝上"一句，荷花实难担当悬挂诔文的重任；再加上第七十八回末写黛玉的出现："却是个人影，从芙蓉花中走出来。"想必黛玉即使美若天仙，也无法真像仙女一般从水中的荷花中走出来吧！因此，从生长地点和形态特征来看，"芙蓉"也以木芙蓉为宜。

最后再从芙蓉花所代表的意境和象征意义来说。水、木芙蓉都是清丽娇美的象征，但木芙蓉在诗词中往往被比作微醉的慵懒美人，而这正与平日里娇弱的黛、晴二人相似。同时木芙蓉不被春风眷顾，生于寂寥之秋而被世人冷落的境遇也和红楼中不入权贵之眼、不被封建礼制所认可的两人相同。木芙蓉具有"怀才不遇"的隐士意境在前文中已多有论述，这正和黛玉花签上的"莫怨东风当自嗟"不谋而合。此句原诗出自欧阳修的《和王介甫明妃曲二首》："红颜胜人多薄命，莫怨东风当自嗟。"诗中表面上是写王昭君空有

莫怨东风当自嗟。

绝世美貌，却只能接受命运，自叹红颜薄命，实际上却是写自己仕途中怀才不遇，不被赏识的失落之感。此外，木芙蓉在寒露秋风之中，拒霜迎霜、傲然绽放的坚韧姿态也象征了黛玉和晴雯二人勇于与权贵斗争、与封建势力抗衡的英勇精神！因此从各种意境和象征意义来看，无论是《芙蓉女儿诔》中的芙蓉花神还是黛玉的芙蓉花签都是指独殿群芳、迎霜绽放的木芙蓉！

木芙蓉这一美丽高洁的自然神物，是对晴雯的祭奠，也是对宝黛二玉的爱情悲剧的祭奠，它暗含了宝玉对人世间至纯真爱的向往，寄托了作者对理想世界的追求，更是象征了刚烈崇高的坚韧气节和反封建反压迫的斗争精神！这样的芙蓉女儿将会永存世间！

艳粉发装朝日丽。

二、芙蓉花与《镜花缘》

《红楼梦》问世半个世纪后，中国文学史上又一部"写花"的著作横空出世，那就是李汝珍的《镜花缘》。如果说《红楼梦》是一曲美妙动人的"群芳谱"，《镜花缘》则是一幅绚丽多姿的"百花图"。在《镜花缘》中，李汝珍创造了一个花仙的世界，他写花、写仙、又写人，书中花仙合一、花人合一，讲述了百位花仙托世的凡尘女子，科举容身，奔赴沙场建功立业，却最终如"镜花水月"般消散殆尽……

和曹雪芹对红楼众花用尽笔力的赞美和怜爱不同，李汝珍则对镜中花仙寄予了明显不同的复杂情感。百位女子前世虽都是花仙，但根据所司花的"花格"不同，其脾气秉性也有优劣之分。在武则天怒炙牡丹花一回中，上官婉儿与公主笑谈道，百花应被分作"十二师""十二友""十二婢"，这种等级划分与后文中百位才女的出生、品格和才能相互呼应，足见作者对它们的爱憎分明。

公主道："闻得向来你将各花有'十二师''十二友''十二婢'之称，不知何意？此时主上正在指拨宫人炮制牡丹，趁此无事，何不将师、友、婢的寓意谈谈呢？"上官婉儿道："这是奴婢偶尔游戏，倘说的不是，公主莫要发笑，所谓师者，即如牡丹、兰花、梅花、菊花、桂花、莲花、芍药、海棠、水仙、腊梅、杜鹃、玉兰之类，或古香自异，或国色无双，此十二种，品列上等；当其开时，虽亦玩赏，然对此态浓意远，骨重香严，每觉肃然起敬，不啻事之如师，因而叫作'十二师'。他如珠兰、茉莉、瑞香、紫薇、山茶、碧桃、玫瑰、丁香、桃花、杏花、石榴、月季之类，或风流自赏，或清芬宜人，此十二种，品列中等；当其开时，凭栏拈韵，相顾把杯，不独蔼然可亲，真可把袂共话，亚似投契良朋，因此呼之为'友'。至如凤仙、蔷薇、梨花、李花、木香、芙蓉、蓝菊、栀子、绣球、罂粟、秋海棠、夜来香之类，或嫣红腻翠，或送媚含情，此十二种，品列下等；然其开时，不但心存爱憎，并且意涉亵狎，消闲娱目，宛如解事小鬟一般，故呼之为'婢'。惟此三十六种，可师，可友，可婢。其余品类虽多，或产一隅之区，见者甚少；或乏香艳之致，别无可观。故奴婢悉皆不取。"

公主道："你把三十六花，借师、友、婢之意，分为上、中、下三等，固因各花品类，与之区别。据我看来，其中似有爱憎之偏。即如芙蓉应列于友，反列于婢；月季应列于婢，反列于友，岂不教芙蓉抱屈么？"上官婉儿道："芙蓉生成媚态娇姿，外虽好看，奈朝开暮落，其性无常，如此之类，岂可与友？至月季之色虽稍逊芙蓉，但四时常开，其性最长，如何不是好友？"

文中，木芙蓉被上官婉儿列为三十六种花中的下等，不可为师为友，只可为婢。公主听后却不禁为芙蓉抱屈，认为其明明可为友，怎能为婢，上官婉儿此说未免爱憎有偏。然而上官婉儿却作出如此解释，芙蓉花虽生得娇媚动人，却朝开暮落，花期甚短，性格无常，怎敢与之为友？原来木芙蓉极易凋零的花朵被上官婉儿认为是性格无常。当然，我们都知道，花木本身并无善恶雅俗之分，高低贵贱之别，人们赋予花木的各种象征意义都是文化使然，当花木的自然特性与人的脾气秉性有了某些契合点时，花木便被赋予了某种品格。木芙蓉朝开暮谢的特性并不能代表它在世间百花中的等级之分，然而却在冥冥之中喻示了这"镜中百花"的命运归宿！

《镜花缘》中的百位花仙托世成为凡尘女子，她们有美貌，有才华，有胆识，有武艺，不甘于做男性的附庸。她们反抗命运的不公，在武则天的号召下应试科举，考取功名。她们像男子一样投身社会，建功立业，塑造女性

朝开暮落的芙蓉花 象征红颜薄命的镜花才女。

的自我价值，为建立男女平等的理想世界而奋斗拼搏。然而如此美好理想的世界在那样的年代终究只是虚幻和空想，如同镜中之花、水中之月一般，可观而终不可得。而这百花的命运也如同芙蓉花一般，初时明媚动人，即使在肃杀秋风和霜雨寒露之下也傲然绽放，绚丽夺目，然而即使再惊心动魄的美终究逃不过朝开暮落的宿命，镜花才女终究红颜薄命，无可奈何！

"花人幻化"的手法对清代两部集大成的小说《红楼梦》以及《镜花缘》产生了非常深远的影响，《红楼梦》以花喻人，《镜花缘》花人合一，都描绘了如花般美好的女子，又"以花志痛"，用花的凋零写出了形形色色的女性悲剧。如同鲁迅先生所说的"悲剧是将人生有价值的东西毁灭给人看"，她们都是那个男权时代卜彻彻底底的从绚丽到毁灭的悲剧中人，就好似那秋风中的木芙蓉，虽美丽动人，却终究只能是无可奈何花落去！

"十年未醒红楼梦，又结花飞镜里缘！"无论是《红楼梦》中"风露清愁"的芙蓉，还是《镜花缘》中"朝开暮落"的芙蓉，对于红楼女儿和镜花女儿来说，芙蓉花既象征了她们的娇美，也象征了她们的艰难处境；既象征了她们的奋起抗争，也喻示了她们美丽易逝的悲剧命运！

三、《成都物候记》中的芙蓉

芙蓉花在成都的发展历史上有过两次辉煌璀璨的时刻。"四十里城花发时，锦囊高下照坤维"，这是五代十国时期的成都，芙蓉花成为蜀国国君最爱的花，它盛开在四十里城墙上下，见证了古成都的繁荣和昌盛；"四十里城花作郭，芙蓉围绕几千株"，这是清代的成都，芙蓉花再次屹立在蜀地之上，锦绣千里，守护着近代成都人的祥和与安宁。后来随着不断爆发的战争，成都人失去了安定的家园，也丢失了那朵承载文化记忆的花。一直到中华人民共和国成立，成都才恢复了往日的繁华安宁。成都人在幸福生活的同时也渴望找回那朵安放记忆的芙蓉花。作为一个在成都生活了20多年的人，著名作家阿来对芙蓉花的感情尤为深刻。

历史上与成都市交相辉映的芙蓉花。

阿来是四川文学史上首位获得茅盾文学奖和鲁迅文学奖的双冠作家，在成都生活的这么多年时光中，他的阅读和写作都与这座城市息息相关。他认为，一个城市是有记忆的，凡记忆必有载体，除了建筑以外，城市中的一草一木足以勾勒出成都千年来的历史文化记忆，它们始终与一代代人相伴，却又比人生存得更为长久。因此在《成都物候记》这本书中，阿来开始追寻城市中的花木和芳香，从春天的腊梅、梅花、桃花、垂丝海棠、贴梗海棠、梨花，到夏天的荷花、紫薇、丁香、含笑、女贞、栀子花，再到秋天的桂花，最后落到了和成都渊源最深的芙蓉花。

如果考虑地域的差异，那么，写成都的秋花，怎么说，都应以木本的芙蓉为首。成都这个地方，在中国传统的南北分界线，更偏南一点。夏天，比起长江边和长江以南的城市，没那么酷热，冬天，没有北方城市那样的酷寒。又因为远处内陆，深在盆地，少受转向的季风影响，秋天就很绵长，能一直深入侵占掉一些冬天的地盘。若不信，可以想想银杏金黄的落叶满地的时间。

从时序上来说，芙蓉花差不多就是一年中最晚的花了。正所谓"开了木芙蓉，一年秋已空"。九月底，城中各处，偶尔可以看到团团浓绿的芙蓉树上，一朵两朵零星开放，直到十月大假后，白的、粉的、红的芙蓉才真正渐次开放。苏东坡诗云："千林扫作一番黄，只有芙蓉独自芳。"说的正是此花开放的时令。这样的观察者不止苏东坡一个。早在此前的唐代，长居成都的女诗人薛涛就有诗句"芙蓉新落蜀山秋"，说芙蓉花落的时候，蜀地的秋天就算是到来了。而芙蓉花是且开且落的。这些日子，差不多每一株芙蓉树下，潮润的地上，都有十数朵，甚至数十上百朵的落花了。但在树上，每一枝头顶端，都有更多的花朵或者盛开，或者即将盛开，还有更多的花蕾在静静等待绽放。也就是说，芙蓉的花期还长，蜀地成都的秋天也一样深长。

……

更为可惜的是，今天的成都城市中，虽然四处都可见到芙蓉，但成林成片者，已不能见。这种美丽的本土植物，不仅扎根于自然生境，更深植这个城市的历史记忆。如今却被越来越多的引进植物分隔得七零八落了。我不反对引进植物，但对一个城市来说，物理上的美感是一个方面，精神与文化上的，与集体记忆有关的植物，还是应该成为景观上的主调。

古书《长物志》上说："芙蓉宜植池岸，临水为佳。"水光与花色辉映，"照水芙蓉"历来被视为一种极致的美景。成都多水，如果这个时节，某一段江岸，某一处湖边，遍开连绵的芙蓉，在这草木凋零的季节，那我们就得享一种宝贵的非物质的福祉了。

这篇文章记叙了芙蓉在自然特性上和成都的相依相存，又从历史文化渊源上谈到芙蓉和成都的千年情缘。他认为芙蓉这朵美丽的本土之花，不仅扎根于蜀地的自然生境，更深植于这个城市的历史记忆。然而在今天的成都，成林成片的芙蓉景观已很难见到，甚至有些人不知芙蓉为何物，更无从知晓芙蓉和成都历经千年的沧桑故事，阿来通过这篇物候杂文表达出他对成都市花芙蓉现状的惋惜，以及对成都再现"芙蓉四十里如锦绣"的热忱期待。《成都物候记》一共记录了22种成都的本土花木，《芙蓉》是最后一个章节。也许在阿来心中，成都人的集体精神和记忆终将安放在这美丽的芙蓉花中！

城市记忆中的芙蓉花。

第五节 芙蓉与神话传说

《诗经》起源于3000多年前的西周时期，是我国第一部诗歌总集，然而这并不是中国历史上最早的文学作品。上古的神话故事是华夏儿女创造的第一笔文学财富，它不仅开启了中国的文学创作，也是原始先民在洪荒时代里悲壮之歌、奋进之歌。神话之于文学，就像盘古之于日月江海，他的头化为四岳，眼睛化为日月，脂膏化为江海，毛发化为草木，盘古虽死，而日月江海、人间万物……都有盘古的影子。从先秦的《诗经》和《楚辞》，到《老子》《庄子》等古代思想家的著作，再到《左传》《史记》等历史正传，以及之后的诗歌、小说、戏剧等，无不吸取了古代神话的文化精髓，而古代神话也因此成为一股激发中国文学艺术创作的强大力量。花木因其自然特性被人们赋予了多姿多彩的意境和品格，人们赏花、爱花、品花、写花，而有关花木的神话传说占有很大的比重。芙蓉花有清丽之姿，又有拒霜之德，自然深受人们喜爱，关于它的神话传说也在这片华夏大地上不断流传。

一、芙蓉花驱妖

古时候，在东海边有座大山，旁边有一片小湖叫平湖，湖中岛上住了一个姑娘叫芙蓉，她十分美丽而勤劳，种了大批芙蓉花，养了许多雁儿、鸽儿，很受人们尊敬。

夏天某日清晨，当芙蓉姑娘在湖边乘凉梳洗之时，有条癞水獭忽然游过来，厚着脸皮央求姑娘嫁给它，还说，只要能嫁给它，姑娘就可以要走湖中所有的东西。但癞水獭遭到了芙蓉姑娘的拒绝，于是它怀恨在心，耍起了阴谋诡计。

到了中午，芙蓉姑娘在湖边洗衣裳之时，突然被人从后面推进湖里，在连喝几口水后，就什么也记不清楚了。她醒来后，看到一个头带凉帽的人笑着对她说："是我救了您。"芙蓉姑娘对此十分感谢，正在此时突然飞来一只大雁，啄掉了那人头上的凉帽，姑娘看后大吃一惊，原来带凉帽的人是癞水獭变的。当凉帽被啄去后，癞水獭原形毕露。姑娘见后立即骑上大雁飞走了。

芙蓉欢悦秋胜春。

癫水獭看到姑娘飞走了，恼怒万分，赶到姑娘原来住过的平湖小岛边兴风作浪。癫水獭的恶行把湖边的木芙蓉震怒了，木芙蓉用叶子裹住癫水獭将它甩到水边，水边的乱石滚过来把癫水獭压死了。所以直到今天还有人说："若在湖边种上芙蓉花，就能驱赶癫水獭，这样可保护湖中的鱼儿不被偷吃。"这则故事一直流传到现在。

二、痴情女盼夫归

相传有位贫家女子，丈夫出海身亡。女子不信，天天站在海边等待丈夫归来。恍惚之中见水面浮现出丈夫的面容，她惊喜若狂，急忙跳入水中，细细一看，原来是岸边大树的倒影。她痴情地把这棵大树当成"夫容"，开的红花叫"夫容花"，日夜厮守，最终命丧树旁。后人为怀念这位痴情的贫家女，又求文字之美，便把"夫容花"改作"芙蓉花"。这正是："看惯年年情人节，怎知芙蓉有泪痕！"

三、芙蓉女殉情

唐朝的南康之地有一大财主，家财万贯，却膝下无儿，只有一女，乳名芙蓉。老财主视独生女为掌上明珠。

芙蓉长到16岁，貌似芙蓉，姿态绰约，偏偏爱上了自家英俊帅气的长工阿来。彼此山盟，同生共死，互不相负。

老财主得知女儿私定终身，大为恼火，但若是强行拆散，又怕女儿自寻短见，以死抗争，只能作罢。

第二年开春，章江水涨，正是水运木材赚取大钱的好机会。老财主心生毒计，哄骗女儿："既然你与阿来有情有意，这个孩子正好比你大两岁，人诚实又聪慧，我就把他当作亲生儿子，一来继承家业，二来也好为我们老俩口送终。我想让阿来跟我一起去经商，等历练回来你俩完婚，就让阿来支撑起这个家……"

老财主带着阿来登上运载木材的大船，沿章江北上。船行至水流湍急之处，他趁阿来不备之时，猛力将其推入江中……

两个月后，老财主随船回来，痛哭流涕地对芙蓉说："归程之中，遇上暴风雨，阿来出舱察看船上货物，风暴雨骤，一不小心跌入江中，虽经打捞，不见人影。我心痛啊，为何非带他去，真不如我替他死。"

芙蓉听罢，不语不泣。老财主以为女儿接受了这一不幸的现实，窃窃心喜。半年之后，老财主为女儿找了一家门当户对的郎君。

来年春天，芙蓉年满十八，也是阿来被害周年忌日。喜事那天清晨，芙蓉坐上男方接亲的花轿，吹吹打打，沿章江堤岸而行。当花轿抬到江桥之时，芙蓉让花轿停下，看一看滚滚南去的章江。她缓步迈近桥栏，猛然纵身江中，为寻心上人而去。

就在芙蓉投江殉情的当年入冬，章江两岸开遍一种花，花色先红而粉，后白或紫，数日后花瓣吹落江中，顺流而去。两岸百姓都说这是芙蓉的"魂"，便将此花叫作"芙蓉"，章江从此又名芙蓉江，桥头小镇改名为芙蓉镇。有道是："凄风冷雨秋已深，芙蓉凋零江中寻。女儿本是心头肉，已是浮生梦中人。"

花房腻似红莲朵。

四、农家女斗黑龙

相传在很久以前，有位花容月貌、勤劳贤惠的农家姑娘，名叫芙蓉，天天到江边淘米，有一条金色鲤鱼总在她的面前游来游去，姑娘便撒下一把米喂它。一天，金鲤鱼又游到姑娘面前，口吐人言："黑龙预谋于五月五日发洪水，降灾成都。"并叮嘱姑娘，万勿走漏，免遭杀身之祸。姑娘闻之，忧心如焚，急忙赶回家，告知四邻。一传十，十传百，全城的人很快撤离到安全的地方。五月五日那天，果然乌云滚滚，大雨如注，气急败坏的黑龙张开血盆大口，扑向姑娘。姑娘手持宝剑，迎战黑龙，终因体力不支，战死在斗鸡山上。斗鸡山上有位名叫金鸡的后生，义愤填膺，挥刀将黑龙斩杀。姑娘的血溶于水中，流到成都，化成朵朵绚丽的红花。众乡亲为怀念这位姑娘，就将此花叫作芙蓉花。后来，成都遍栽芙蓉，因名"芙蓉城"。

颜色艳如紫牡丹。

第四章

芙蓉华彩

FURONG HUACAI

中国是人类文明的发祥地之一，也是人类艺术的摇篮。在悠久的历史长河中，华夏儿女创造出了无数举世闻名的艺术作品，这些作品品类繁多，技艺高超，凝聚了人民的智慧，融汇了中华的民族气质和文化素养，以其生动的神韵蜚声海内外。绚丽多彩的花木往往是艺术家们的灵感来源，成为艺术创作最主要的题材之一。2700年前春秋初期的青铜莲鹤方壶，4500年前的云纹彩陶花瓶，甚至是8000年前新石器时代的碗、盆、钵、杯等绘有花纹图案的陶器制品，都说明了花木和中国远古艺术的历史渊源。到了唐代，我国政治、经济高度发达，封建文化进入灿烂鼎盛的时代，艺术发展也到了全盛时期，各种富丽华贵的金银器、铜镜、玉器、织锦、绢画等艺术作品上出现了丰富的花卉图案，富有唐文化时代特征的"唐草纹"更是盛极一时。五代、两宋时期花鸟画的大发展更是让艺术作品遍地生花，苏州"宋锦"、南京"云锦"、四川"蜀锦"等织锦艺术都因花木的成就而闻名天下。明清时期的花木通过精致的雕漆工艺表现了文人墨客的闲情逸致和高洁品格，也展现了人们盼望幸福生活的美好愿景！新中国成立后，艺术作品"百花齐放"，无论是雕刻、绘画、印染，还是陶瓷、剪纸、插花等，中国的奇花异卉都被艺术家们经过加工和创造，带着最美好的寓意融入作品中！

在这些花卉题材的艺术品中，芙蓉花因其积极向上的民俗意义被广泛应用。"天然富贵又风流，簇簇湘妃起聚头。唤作牡丹何不可，高他一着见深秋。"芙蓉花花开锦绣，望之如锦，有牡丹的"富贵"之意，又因其可并蒂而开，被大众用以表达夫妻好合之美好愿望。艺术名匠既乐于表现它的富贵华丽之相，又钟情展示它屹立寒秋的野逸之姿。

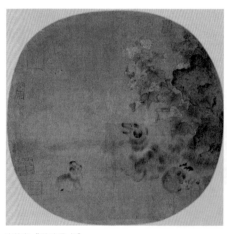

宋佚名《秋庭乳犬》。

明吕纪《四季花鸟图》。

明丘鉴《芙蓉芦雁图轴》。

清钱维城《山水花鸟册》。

第一节 芙蓉绘画

绘画是中国文化的重要组成部分，它根植于民族文化土壤之中，历史非常悠久，远在2000多年前的战国时期就出现了画在丝织品上的绘画——帛画，在这之前又有原始岩画和彩陶画等绘画形式。在中国绘画的发展过程中，山水、花鸟、人物是三个永恒的主题，其中中国的花卉画堪称世界画苑的一枝奇葩。著名的现代画家潘天寿曾说过花木是中国画上"最有力之中心题材"。从唐至宋，这600多年时间正是花卉画从萌芽到逐步成形、再到成熟的重要阶段，涌现了一大批各有擅长的花卉画名家。尤其是西蜀"黄家富贵"的黄筌和南唐"徐熙野逸"之徐熙，他们二人风格迥异又各具精髓的画风对花卉画的发展形成了深远的影响。后来随着宋徽宗赵佶等皇室贵族对花鸟画的推崇，使其地位一举飞跃，与山水画并驾齐驱。到了清代，花卉画既保留了唐宋时期或富丽或野逸的风格特点，又开创了诙谐叙事的市民审美画风，让花卉画在不断求新中更加发展壮大！

芙蓉外形美丽，与高洁的君子情怀和美好的民俗象征关系紧密。它可以远离俗世，于寒秋江边，临水而立，姿态悠然，别有一种闲云野鹤之姿；也可以居于苑内、池边，或守候窗下，作陪伴之物。它可上得厅堂，装于屏风、帷帐，绣在衣裳、被褥上，如芙蓉绣褥、芙蓉帐、芙蓉鸂鶒屏风；也下得厨房，作碗碟上的缠枝花纹，与牡丹纠缠。它既有牡丹的富贵，又有兰蕙的清雅，兼具二者之美，集众品质于一身，因此深受画家的喜爱。

清石涛《花卉册十帧》之一。

清王武《花卉册》之 秋江晚艳。

南宋佚名《百花图》。

唐刁光胤《石岸淙流芙蓉蘸水》。

以芙蓉为题材的绘画作品，从宋代开始比较多见。史书所记载的芙蓉画中，有许多折枝芙蓉。"折枝花鸟"是花鸟画最早被记载的形式，是最基本、最常见的表现形式之一。《宣和画谱》中记载的滕昌祐卧枝芙蓉图、黄居宝折枝芙蓉图、丘庆馀折枝芙蓉图等，都是折枝芙蓉。另有滕昌祐的拒霜图、写生芙蓉图、芙蓉花图，黄居寀的拒霜图，赵昌的写生芙蓉图、拒霜图等，从画题上看，它们是折枝芙蓉的可能性更大。

在留存至今的芙蓉花作品中，有佚名的《四时花卉》《百花图卷》中的芙蓉花，还有传为刁光胤、黄居寀、崔白、赵佶、李迪、苏汉臣等人的芙蓉画作品或画中的芙蓉花。这其中尤以刁光胤、黄居寀、崔白、赵佶等人的作品最有代表性，在美术史上意义深远。这几个人的作品，无论是内容还是样式，都承载了关于地域文化认同、帝王意志体现、画家理想、艺术发展规律等诸多内容。这其中，最为大家熟知的还是传为出自帝王宋徽宗赵佶之手的《芙蓉锦鸡图》。该画工整严谨、色彩富丽，既将"黄家富贵"的花鸟画绘画风格发展到后世难以企及的高度，又在图像样式与文化内涵的表达上超出时代特色，使此画更加值得玩味。

一、宋徽宗的《芙蓉锦鸡图》

宋徽宗赵佶（1082—1135），号宣和主人，宋朝第八位皇帝，书画家。他是赵宋王室中最有艺术细胞的皇帝，文艺天赋又全又精，在十六七岁即以其艺术成就闻名大宋王朝。他在二十岁左右，独创了书法史上鼎鼎大名的瘦金体。

宋徽宗绘画成就很高，其绘画注重写实，细致入微，精工逼真。邓椿在《画继》中对这位艺术皇帝的高超技艺给予了毫无保留的评价。

宋徽宗《芙蓉锦鸡图》。

于是圣鉴周悉，笔墨天成，妙体众形，兼备六法，独于翎毛，尤为注意，多以生漆点睛，隐然豆许，高出志素，几欲活动，众史莫能也。徽宗皇帝，天纵将圣，艺极于神。

宋徽宗的《芙蓉锦鸡图》，绢本，纵81.5厘米，横53.6厘米，北京故宫博物院藏。图中芙蓉盛开，一只锦鸡落在芙蓉枝头，压弯的花枝随风轻轻颤动，蝴蝶翩跹，引得落在枝上的锦鸡回首凝视。

这幅画在布局上是一种创新，在画中题诗，其诗、书、画、印统一于整幅画面。

构图精绝巧妙。两枝芙蓉，一枝向上斜出，一枝向右横曳。一只五色锦鸡飞临，背侧的姿态头向右上方，尾羽朝右下方，正好与芙蓉花枝相和。两只飞舞的蝴蝶是全图动的部分，轻盈灵巧。左下菊花的花和叶玲珑又精致，与宽大舒展的芙蓉叶形成对比，丰富了全图的线条。

用笔细致入微。锦鸡羽毛斑斓华贵，造型推敲有度，刻画精到细致，用笔果敢有力。锦鸡的羽毛用细碎的笔调勾出其质感、层次和生长方向，密而不乱。

用色丰富但不杂乱突兀。在鸡的面部和颈后羽毛上铺厚薄不同的白色，有突出画面主体的作用。颈部的黑色条纹明亮，腹部朱红色亮丽灿烂。

画幅右上以瘦金体题 "秋劲拒霜盛，峨冠锦羽鸡。已知全五德，安逸胜凫鹥"，表明作者画《芙蓉锦鸡图》的目的。《韩诗外传》里记载："鸡有五德：头戴冠者，文也；足搏距者，武也；敌在前，敢斗者，勇也；见食相呼者，仁也；守夜不失者，信也。"作者想借鸡的五种自然天性来宣扬人的五种道德品性，即文、武、勇、仁、信。

《芙蓉锦鸡图》是我国历代经典名画中的精品，完美诠释了作者独特的艺术天赋和精湛的绘画技巧。此图曾经是历代君王必争的收藏珍品，现在更是我国国家级文物，无价之宝。

二、李迪的《红白芙蓉图》

南宋的李迪，生卒年不详，其芙蓉画传世之作有《红芙蓉图》和《白芙蓉图》，均为绢本，两幅各纵25.2厘米，横26厘米，现藏于日本东京国立博物馆。故宫博物院研究员单国强对其给予高度评价。

《红白芙蓉图》被认为是南宋院体花鸟画的最高水平之作。画面色彩较厚，晕染采用没骨画的技巧，过渡自然，表现出芙蓉花瓣形态及色彩细微的变化特征。细腻而透明的色彩，体现出富丽、鲜润的特点。

南宋李迪《红白芙蓉图》。

这两幅画作描写的是红、白芙蓉盛开的景色。红、白芙蓉各两朵，都是盛开时的花瓣，红色娇艳鲜嫩，白色粉白如玉，花叶为深绿色。两图从构图上而言，打破了北宋以来全景式的构图方式，作者有意识地组织折枝与花卉的姿态，先以细笔勾勒，再填以重彩。该图画面布置比较紧凑。

该图笔法纤细而且色彩的层次极为微妙，因而富于情趣，线描的技法细致入微。两图相比，《红芙蓉图》构图和对花的整体把握更好一些。该画一改北宋以来用坡石、花草、禽鸟等要素俱全的方式来表现宫苑小景的花鸟画技，而是采用了折枝、局部和寻常花鸟来表现特定和瞬间的意境和情态，从而形成构思新奇、主题鲜明、描绘生动、笔墨精妙和手法多样的风格，给人以清新优雅的感觉。从画中可见作者对芙蓉的形态观察精细入微，花瓣在绢素上微微伸展，仿佛发出幽香扑鼻的花香，使观者有赏心悦目之感。花叶与花蕾的轮廓线各不相同：叶用线勾勒素描，叶脉清晰，可见阴面阳面之别；花蕾的画线较为鲜活而富有弹性。

三、苏汉臣的《秋庭戏婴图》

苏汉臣（1094—1172），汴京（今河南开封）人，北宋画家。他擅长描绘婴儿嬉戏之景，情态生动。传世作品有《秋庭戏婴图》《五瑞图》等。

《秋庭戏婴图》为苏汉臣在北宋末年宣和画院所绘，绢本，纵197.5厘米，横108.7厘米，现藏于北京故宫博物院。陈葆真在《古代画人略谈》一书中对该画有过精彩描述：

画面偏右湖石耸立，把画面分成左右两半。右半面为芙蓉艳放，稚菊吐芳，暗示秋天。下方圆漆凳上摆满精巧的玩具，地上铙钹一俯

宋苏汉臣《秋庭戏婴图》。

一仰，似乎已经失去主人关心。画面重点放在左下方的两个孩童身上。只是稚童二人，一衣白，一着红，正头挨头、弯身倚在描画的圆形漆橙上推枣磨为戏。红衣男孩似乎占了上风，褪去背上衣领的束缚，紧张又得意地正要下手。白衣女孩张开小小的嘴，露出一排细细的乳齿，伸手若有所辩。他们那样全神凝注，眼神交并，集中在桌面上那个小小的世界中，忘记了一切！

画面左上角有乾隆题画诗："庭院秋声落枣红，拾来旋转戏儿童。丹青讵止传神妙，寓意原存相让风。""寓意原存相让风"讲的是关于南北朝时王泰的典故。在王泰小的时候，祖母给几个小孩子分食枣子和栗子，他没有跟别的小孩争抢，而是等别人拿完了自己再拿。其与画中两个小孩做游戏互相礼让不谋而合，点明了画家作此画的用意，即展现中国"礼让"的优良传统。

《秋庭戏婴图》的人物笔墨线条均匀纯熟，对孩童的发饰、玩具、圆凳的饰纹等刻画细致生动。整体精心布局，画面右下方的圆凳和雏菊，巧妙地回避了芙蓉根部的出枝问题，不仅起到了平衡画面的作用，还丰富了背景的层次。

这幅画左上角还有一只长约一厘米的小蚊子，不仔细观察很难发现。这只蚊子造型最为写实，薄薄的翅膀、触角等表现得栩栩如生，反映出作者高超的绘画技巧。

四、张大千的《秋芙蓉》

张大千（1899—1983），原名正权，单名爰，字季爰，别号大千居士，四川内江县人，被誉为中国画坛"五百年来第一人"，在国内外享有盛誉。他才华横溢，擅长山水、花鸟、人物、工笔、写意、泼墨等，是一个比较全能的画家。

《秋芙蓉》是张大千在1947年对自己故乡生长的芙蓉进行的创作。此幅画作中的白芙蓉在秋天凌霜而开，显得十分素雅高洁；两枝芙蓉俯仰向背，各得其趣；芙蓉花以白色层层罩染，笔法细腻而又显得十分可爱。此作品给人以愉悦的视觉享受，在艺术市场上颇受欢迎，极具欣赏和收藏价值。

这幅画作的尺寸为：高1016毫米，宽466毫米。图上的钤印是："张爰之印、大千居士、张爰、大千、云姗锦瑟争为寿。"作者在画上题诗曰："交头鸳鸯并蒂花，碧江相映锦成霞。天南水尽云无际，管领秋光一雁斜。丁亥三月写于大风堂下。爰。"

张大千《秋芙蓉》（左）与《芙蓉花》（右）。

　　张大千先生曾先后在青城山居住四年多。青城山秀丽的风景激发了张大千的诗情画意，他在此创作了近万幅书画作品，其中包含名扬世界的《长江万里图》《青城峨眉四天下》等巨制画作。非常精湛的《花蕊夫人》画像碑刻也是在此期间完成的。

　　该碑刻立于青城山上清宫文武殿内，高165厘米，宽75厘米，厚12.5厘米。花蕊夫人头束朝天髻，插凤钗，小花梳，戴耳环，斜插翘首三株步摇，胸前系佩雕花宝玉，身着长袖袒胸衫，肩搭六尺轻薄纱罗披帛。张大千先生采用传统的蚯蚓描和琴弦描线条相结合勾衣纹，中锋行笔，秀劲古逸。面部的细线圆劲，表现了花蕊夫人高雅端庄的神姿。花蕊夫人亭亭玉立，右手纤纤玉指拈其最喜爱的芙蓉花，与其"花蕊"名相呼应。碑右上端有两行行书："青城辇道尽荒烟，环佩归来夜袅然，差胜南唐小周后，宋宫犹得祀张仙。大千写花蕊像属，题清寄翁。"这是由四川大学教授、国学家林思进在其古稀之年题写的，其后印以"张爰"和"大千居士"。碑左侧上端有"青城上清宫"的印记。此碑为大千先生的得意之作，据其弟子胡立回忆，墨稿被当时许多名人称赞。

青城輦道盡荒烟環珮歸來夜筵孤

右宋宮牌得記張僊大千安花蕊像居遊清城下

甲卯八夕大千張爰吉林得林上海寿

张大千《花蕊夫人》碑刻。

五、齐白石的《芙蓉水鸭》

　　齐白石（1864—1957），生于湖南长沙府湘潭（今湖南湘潭），近现代中国绘画大师，世界文化名人。齐白石的绘画作品多以墨色为主、彩色为辅，线条简洁有力，画面质朴清新，赋予受众以简洁自然、刚健鲜明的观感。作品对象多为与人有亲密关系的花鸟鱼虫、山水草木，蕴含一种淡泊宁静、安然自适的意蕴美。芙蓉是齐白石家乡湖南常见的花卉，他曾说："芙蓉叶大花粗，先后着葩，开能耐久，且与菊花同时，亦能傲霜，余最爱之。"

　　《芙蓉水鸭》为齐白石于1953年创作，赠予"少平先生"。作品构图心思缜密，一枝粗壮的芙蓉从右上方斜探入画面，占据约三分之二的空间，中心处三朵盛开的芙蓉花，两

齐白石的《芙蓉水鸭》及临摹的《芙蓉鸭雀图》。

朵面前，一朵向背，上下各一枚花苞，正低垂待放。艳丽厚重的芙蓉花几乎要把花枝压断。下方的湖面上，一只水鸭回首浮游，浅浅的水波纹曲折铺陈，营造出画面无尽的纵深感，将人的视线引向远方。

这幅画在用色上坚持以往的画风，墨色为主、彩色为辅。画中如拳头般大的芙蓉花，先用洋红淡染，固定花朵的位置，然后用深色小笔勾勒其轮廓花筋，显得结构饱满大气，层次迥然，最后用浓墨点出花蕊，提点精神。在枝叶的画法上，淡墨上复加重墨，以分阴阳纵深，落笔稳而有力、潇洒淋漓，显现其纯熟老练的绘画功力。水中的鸭子敷色深重而有些微变化，表现出鸭子的体量及羽毛质感。它正回首顾盼，似在招引同伴，画面富丽雍容，又不失灵气。齐白石先生在他96岁时，又作《芙蓉水鸭》一幅，现藏于中国美术馆，布局与本幅相类，笔墨泼辣练达。

齐白石先生画芙蓉水鸭题材，最初是受到清末广东画家孟丽堂作品的启发。1905年，他在游历广西时，观赏到孟丽堂的《芙蓉鸭雀图》，对其十分喜爱，于是进行临摹。《芙蓉鸭雀图》中有一只雀鸟站在倒垂的芙蓉枝上，旁边芦苇横斜、两只蜻蜓飞舞，下方有一只花鸭浮水。齐白石先生对此临本非常满意，出门时总随身携带，1919年又对本临摹，他从繁复的孟画中分离出两种较简约的、以芙蓉为主体元素的画意，一为芙蓉蜻蜓，一为芙蓉水鸭。齐白石在其后数年反复尝试表现这种题材，构图都是斜垂的芙蓉枝下，游水的鸭子或者对飞的蜻蜓。

齐白石的芙蓉画作。

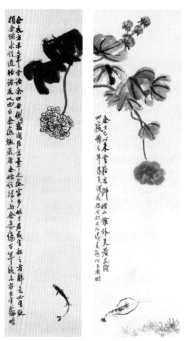

齐白石 芙蓉与鱼、虾。

六、谢稚柳的芙蓉画

当代画家谢稚柳晚年画芙蓉花较多，经常画芙蓉送友人。

谢稚柳（1910—1997），历任上海市文物保护委员会编纂、副主任，上海市博物馆顾问，中国美协理事、上海分会副主席，中国书法家协会理事、上海分会副主席，国家文物局全国古代书画鉴定小组组长，国家文物鉴定委员会委员等。他著有《敦煌石室记》《敦煌艺术叙录》《水墨画》等，编有《唐五代宋元名迹》等。

他笔下的芙蓉花，落墨赋彩，酣畅淋漓，挥洒自如，既有明代青藤白阳的逸笔墨韵，又具文人雅士的书卷气，可称为当代绘写芙蓉花的楷模。

张大千评价谢稚柳的作品时曾道："别来岁岁滋烟尘，画里啼猿怨未申。天下英雄君与操，三分割据又何人。"可见在张大千的心里，能和自己在画艺上颉颃雁行、并驾齐驱的，正是谢稚柳。

谢稚柳的晚年芙蓉画作。

七、陈子庄的芙蓉画

　　陈子庄（1913—1976），四川荣昌（今属重庆永川）人，著名国画大师。他本名福贵，又名思进，别号兰园、南原、下里巴人等，晚年直称石壶。1954年陈子庄被调入四川省文史馆，定居成都，开始潜心研究绘画，1963年被选为四川省政协委员。

陈子庄的"简淡"芙蓉。

陈子庄善于化繁为简，喜用简淡之笔描绘物象，构图简略随意，却出乎意料。他曾说："最好的东西都是平淡天真的。"他还说过："我追求简淡孤洁的风貌，孤是独特，洁是皓月之无尘。"简淡是中国艺术的至高境界，所谓灿烂之极复归平淡，指的是艺术境界，也是人生的体验。他在成都期间，也创作了不少关于芙蓉花的作品。

八、杨学宁的芙蓉油画

说起芙蓉绘画，当代还有位画家不得不提，他就是杨学宁。用他自己的话说，芙蓉是他的情人，但这个情人他不能够独享，它应该是大众的情人，是成都这座城市的情人。可是他发现，人们对芙蓉识不深、情未至、爱尚远。因此，从2010年起，他成为职业画家，从此与芙蓉结缘，走上了艰辛漫长的推动、传播芙蓉文化的征途。

2011年，杨学宁带着他的芙蓉油画作品走出了国门，欧洲、北美洲、中南美洲、亚洲都留下了杨学宁展示宣传芙蓉文化艺术的足迹。杨学宁的芙蓉花作品常作为中方礼品赠送给展览主办国的文化部、博物馆、艺术宫、大使馆等。

2011年10月，于委内瑞拉举办的"中国当代油画艺术展"的策展方、巴拿马 ASA 基金发起人王薛彤这样评价他的作品："杨学宁笔下的芙蓉花就像一位使者，把东方特别是成都文化带到国外，让世界人民都能领略其风采。"

四川省美术家协会主席阿鸽曾经说过："杨学宁是一位多才多艺、勤奋的画家，他深入生活，以独特的视角发现本土花卉的情感基因和艺术魅力。他笔下的芙蓉花千姿百态，美轮美奂，色彩变化如透明的阳光，照耀人们情感的天空。"

2012年6月28日，阿鸽先生在"蓉城艺术名片——杨学宁芙蓉花油画作品展"开幕式上发言："杨学宁的绘画作品将东西方文化元素有机结合，油画的写实、国画的意境、音乐的动感、民俗的符合……杨学宁敢于大胆创新，逐步形成了自己鲜明的艺术语言和艺术个性，为蓉城艺术名片的打造，奉献了一名艺术家的心血智慧和力量。"

纯净如人之初 杨学宁 2011

洁白清姿不染尘，冰肌柔嫩出天真。

瓣丛温润花王逊，疑见瑶池玉女神。

福荣相伴蓉城人 杨学宁 2011

溢彩芙蓉不等闲，姚黄桃粉逊娇颜。

风情民俗传千载，独爱名花锦里间。

同辉 杨学宁 2016

日月同辉呈瑞象，乾坤焕彩绽芙蓉。

吉祥三宝人神醉，宵宇祥云龙凤邕。

熊猫献"福" 杨学宁 2018

芙蓉媲美大熊猫，伯仲难分竞撒娇。

愿与阳光辉大地，同歌美景乐陶陶。

九、李科宏的工笔芙蓉

　　李科宏，1977年生于湖南省郴州市嘉禾县。他师承工笔花鸟画家周中耀先生，主攻工笔花鸟和工笔山水。现为湖南省美术家协会会员，湖南省郴州市美术家协会理事兼工笔画艺委会主任，职业画家。著有《工笔芙蓉画法》《中国名花设色技法》《李科宏工笔荷花》。

　　李科宏从小热爱绘画，严整富丽、格调雅致的工笔画尤其让他心折。李科宏的工笔芙蓉，整体构图布局巧妙，画面干净利落；第一眼就给人以美的震撼，细细观赏，更有一种温柔清雅、如沐春风的感觉。他的工笔芙蓉花色彩清晰明快，叶、花苞、枝干等细节描绘得非常到位。

李科宏的工笔芙蓉。

十、尹嘉伟的写意芙蓉

尹嘉伟，九三学社书画院画师、四川省美术协会会员、四川省书法家协会会员、四川省工艺美术大师。他长期从事工艺美术设计，致力于书画研究及创作，擅花鸟、山水、人物，工写兼擅。近年来，他常以书入画，充满笔情墨趣。其作品清雅、空灵、富丽，自然奔放、不拘一格，格调清新，多次在国内外展出并获奖。

尹嘉伟的写意芙蓉作品以芙蓉为主题，以扇面为表现形式，着重表现芙蓉花的澹静之美。画中的芙蓉形色自然，典雅大方，并配以鸟虫鱼石，更具生活气息，蓉城蜀风跃然纸上。

尹嘉伟《芙蓉锦鸡》。

十一、其他当代作家的芙蓉相关作品

成都市植物园 刘伟的芙蓉油画。

郭汝愚《芙蓉家禽》。

第二节 芙蓉建筑

一、成都体育中心"芙蓉花开"

　　成都体育中心是四川省为了协办第七届全国运动会而兴建的一座大型现代化场馆。1991年建成时，它是全国首座周边全挑篷体育场，其建筑体形为马鞍形碗状结构，非常时尚。这里每个周末的足球狂欢，都让"雄起"声响彻赛场。

　　1992年开始投入使用的成都体育中心，是当时成都市中心功能比较完善的一个综合性场馆，但是随着社会发展，其设施设备以及场地等出现了一些限制，老场馆顶棚的钢结构经过风吹日晒也已经老化。因此成都体育中心将开启场馆的提升改造工作，在前期规划设计中专门邀请了国家体育场"鸟巢"中方总设计师李兴钢的团队做改造方案，该方案最大亮点体现在场馆的顶棚设计上。从效果图上看，改造后的成都体育中心造型神似一朵盛开的芙蓉花，可开合的顶棚如花瓣一般舒展，从高处俯览又似"太阳神鸟金饰"，造型新颖、气势恢宏。而其从开启到关闭的过程暗示了"太阳神鸟"到芙蓉花的变化过程。出土于金沙遗址的"太阳神鸟金饰"是中国文化遗产的标志，是成都文化的代表，而芙蓉是成都市市花，具有深厚的历史文化底蕴，这两样元素的加入给体育中心添足了"成都本味"。

成都体育中心"芙蓉花开"。

城市音乐厅"冰芙蓉"穹顶。

二、城市音乐厅"冰芙蓉"穹顶

2016年10月动工，2018年底正式投入使用，目前西部最大的城市音乐厅——成都城市音乐厅，以"回归经典、返璞归真、世界一流、时代之巅"为主要定位，是国内首个四厅合一的演艺场所，规格恢宏，端庄大气，尤其是音乐厅穹顶上璀璨晶莹的"冰芙蓉"，配合不断渐变的色彩，更加富有层次。

该音乐厅厅高20米、面积1600平方米。其中施工难度最大、工艺最为复杂的是音乐厅的穹顶部分。为了实现装饰、声学和舞台工艺的完美结合，整个穹顶由586块异形曲面玻璃纤维加强石膏板（GRG）、110块亚克力板以及3000米的工艺线条有机结合而成。最惊艳的部分当属悬挂在舞台上空，一朵以成都市花芙蓉为设计元素，由64块水晶质感的花瓣型透光亚克力板组成的水晶"冰芙蓉"，灯源开启后格外璀璨晶莹，高贵典雅。"冰芙蓉"除了造型美观之外，还是一个大型的反声罩，可通过调节高度，让听众听到最悦耳动听的音乐。

❶

❷

❺

三、都江堰万达城展示中心"芙蓉花"

与所有万达文化旅游城的展示中心一样，成都万达城展示中心从灵感到建筑风格，都完美地结合了蜀地文化，从形状到色彩都酷似芙蓉花，耗资1.5亿。这朵流光溢彩的"芙蓉花"总共有8000块彩釉玻璃，每一块都采用地址编码，就像地球仪的经纬度一样，能够保证安装定位，还能保证如果发生损坏，能锻造出完全一样的花瓣。整朵"芙蓉花"每平方米就有40千克重的钢筋龙骨，芙蓉花建筑一共3圈花瓣，外圈龙骨265根，中间龙骨230根，内圈龙骨210根，将近用了1000吨钢筋锻造出每一瓣芙蓉花瓣。"夜晚的芙蓉花更是令人惊叹，灯光系统照射整个外立面，全彩数码控制，能够变换不同颜色。"这朵静静绽放的"芙蓉花"，工艺和品质已达到全球顶级水准。可以说，成都万达城为这座城市建造了一朵真正绝世的芙蓉花。

夜色中灯火辉煌的成都万达城展示中心。

四、锦城绿道最美钢桥"花之桥"

位于锦城绿道绕城高速狮子立交西侧的成渝桥，连通青龙湖二期公园与玉石湿地公园，堪称锦城绿道一期最美钢桥。桥梁以成都市市花芙蓉花为设计立意，遂取名"花之桥"。

全桥分为两条主线，整体呈三条射线状分开，在中间三角区域汇于一点。而这个三角区域就是全桥的一大亮点——芙蓉花瓣状观景平台。观景平台三边的栏杆设计为羽翼状，中间留有可供观景的圆孔；中间位置还设计有精美的"空中花园"。站在这里，感受桥上的花园，远眺桥下的风景，一近一远，一精致一广阔，相映成趣。

第三节 芙蓉蜀绣

"芙蓉城三月雨纷纷，四月绣花针；羽毛扇遥指千军阵，锦缎裁几寸。"2015年春节联欢晚会上一曲《蜀绣》向世人描绘了绣娘手下精美绝伦的蜀绣，悠扬的歌声将观众带向了绣花针下的蜀中千年，带向了锦绣灿烂的巴蜀文明。蜀绣是蜀地（以成都平原为中心的广大区域）特有的刺绣工艺和作品的总称，与蜀锦一起被称为"蜀中之宝"，其色彩明亮，针法细腻，与苏绣、湘绣、粤绣齐名，为中国四大名绣之首。

蜀绣，源于商周，兴于汉，盛于唐，是中国刺绣传承时间最长的绣种之一。早在3000多年前，古蜀国的第一代君王蚕丛以蚕桑兴邦，使这个游牧民族跨入了农耕时代，蜀国也以丝绸之邦而光耀于中国的史册之中。由三星堆遗址出土的青铜大立人的服饰纹样可知，巴蜀先人在古蜀国时代（商周时期）就已经学会刺绣。汉末三国时，蜀绣作为珍稀而昂贵的丝织品已经誉满天下，是蜀汉政权主要的财政收入来源和经济支柱。西汉杨雄《蜀都赋》中的"锦布绣望，芒芒兮无幅"，描绘了成都当时蜀绣产业的繁华和蜀绣技艺的精湛。蜀国丞相诸葛亮曾说："决敌之资，唯仰锦耳（《太平御览》卷八一五引《诸葛亮集》）。"唐宋时期，蜀绣成为穷工极巧的工艺品，不仅被当作进贡朝廷的贡品，还引起了周边民族如南诏国等地方的极大重视。据南宋史家袁枢所著《皇朝通鉴长篇纪事本末》称："蜀土富饶，丝帛所产，民织作冰、纨、绮、绣等物，号为冠天下。"至清朝中叶，民间组织"三皇神会"的成立标志着蜀绣从家庭作坊走向产业化，成都九龙巷、科甲巷一带的蜀绣闻名世界。中华人民共和国成立后，党和政府积极扶持蜀绣生产，四川成立了成都蜀绣厂，蜀绣工艺在技术上实现了进一步创新。改革开放后，国人对非物质文化遗产抱以高度的热忱，蜀绣迎来了飞跃式的新发展。2013年，习近平主席夫人彭丽媛将蜀绣作为国礼相赠，更是引发了蜀绣热，让世人的目光再次聚焦在有着"蜀中之宝，穷工极巧"美誉的蜀绣上。

蜀绣蕴含着浓厚的传统文化色彩，方寸之间便能领略数千年灿烂的历史文化，且从形式、纹样、绣工到套线、布色，都经过精心构思、施艺，具有很高的艺术价值。在千年的发展中，蜀绣逐渐成为巴蜀文化的一个代名词，也成为中国传统文化的一个代名词。

①

②

⑦

蜀绣"芙蓉鲤鱼"。

一、"芙蓉鲤鱼"

　　"芙蓉"谐音"福荣",代表幸福,而川蜀地区的气候又适合芙蓉生长,所以蜀绣作品中常见芙蓉刺绣,极具蜀地特色。"鲤鱼"纹样作为美好寓意,代表富足有余,也常被用在蜀绣制作当中。

　　"芙蓉鲤鱼"为蜀绣代表作品,由中国工艺美术大师杨德全领衔制作,历时一年完成,主要采用施毛针、平晕针、滚针、铺针、乱针、交叉针等数十种针法。特别是绣鲤鱼鳞片时用平晕针加铺针,是区分蜀绣与其他刺绣流派的主要标志之一,其表现能力更强,形象更为生动。整幅作品寓虚灵于朴拙、严密不露针脚,绒片平滑、浑厚圆润、鲜艳明快、掺色柔和、车拧自如,劲气生动、虚实得体,实为收藏珍品。

二、"芙蓉神鸟"

　　本作品由著名芙蓉油画艺术家杨学宁与中国工艺美术大师杨德全共同合作,以杨学宁芙蓉花油画作品为蓝本,杨德全大师以蜀绣传统材质和蜀绣创新工艺进行再创作。其创作思想既追求再现原著的风格特色,又充分体现蜀绣的独特魅力与丝织品的材质韵味,以市花芙蓉与太阳神鸟巧妙结合,将芙

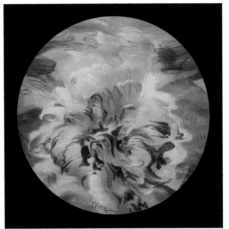

蜀绣"芙蓉神鸟"。

蓉花蕊处理成有神鸟意味的形态。

　　在明媚的阳光下，光影交错，"飞翔的芙蓉花"更加娇艳。丰富的色彩，流畅的线条，变化流淌在花瓣与花瓣之间，鸟与花共存，花与鸟相依。该作品既传统又符合当代人们的审美，用多维的艺术语言和复合色彩的堆叠手法来体现画面的空间感、立体感、厚重感，并采用以实行虚的艺术形式，通过蜀绣的独特技法来描绘明媚艳丽的芙蓉花，呈现出极强的肌理感。

第四节 芙蓉音乐

　　花木具有大自然最丰富的色彩和最动人的姿态，又有着花开花谢、四季往复的意境，不仅让文人墨客和艺术名匠心驰神往，更是触动了无数音乐家为其吟咏歌唱。《诗经》是我国文学史上最早以花木为咏诵题材的作品之一，在其305首诗篇中，有153篇提到或描述了花木，而《诗经》中绝大部分作品都是来自宫廷乐歌、祭祀舞曲或是民俗歌谣，这些作品证明了至少从先秦时期，我们的祖先就将花木作为音乐的灵感来源。后来随着歌曲艺术的逐渐发展，花木在歌曲中不仅被用来歌颂真挚深厚的友谊、舐犊情深的亲情、婉转缠绵的爱情，也被用来寄托豪情万丈的革命精神，表达对幸福生活的美好向往。

一、《锦城芙蓉吟》与《花开芙蓉城》

2019年8月8日，在成都举办的首届"金芙蓉杯"文创产品设计大赛颁奖典礼开幕式上，两首赞颂芙蓉的歌曲闪亮登场，分别为《锦城芙蓉吟》与《花开芙蓉城》。《锦城芙蓉吟》是由国家级非物质文化遗产四川扬琴省级代表性传承人吴瑕演唱，新锐词人邓堃蓉作词，内地知名音乐制作人、青年作曲家黄天信作曲的一首艺术歌曲。它描绘了成都芙蓉花盛开的美景，初秋拒霜绽放，一日三变，美艳无比，将成都这座城市装点得锦绣如画。《花开芙蓉城》由四川省作家协会会员吴烈作词作曲，描述了古老的蜀都锦城繁华的芙蓉胜景及现在成都的芙蓉画卷，并对未来成都的壮丽风光做了一番憧憬。

《锦城芙蓉吟》

词 邓堃蓉　　曲 黄天信

秋浓丹枫落，一地繁华；

着一身绯衣，拒霜绽放。

任寒露润叶成花，看朝开暮落年华。

一弯浅笑三醉人间，

锦城浣花溪，开满芙蓉花。

染红薛涛笺，一夜生香，

笑群花摇落独芳，愿岁岁花开烂漫，

尘烟几许清浅安然，

一城花开如锦绣，

两两轻红半晕腮，

两相思情难忘，

开进你的眼，

一城花开如锦绣，

依依独为使君回，

芙蓉花美人面，

开进你的心，入你相思愿。

《花开芙蓉城》

词 吴烈　曲 吴烈

梦里的芙蓉树，开满了芙蓉花，

蓉城秋天又见四十里锦绣。

映红古蜀都的青砖墨瓦，

花树下流过千年的繁华，啊，千年的繁华！

花开胜景扬蓉城美名，

美丽的传说令人向往，啊，令人向往！

风吹过芙蓉城，一重重花影动，

谁在城中种下迷人的风光。

展开新成都的芙蓉画卷，

拨动了多少浪漫的情怀，啊，浪漫的情怀！

锦绣芳华把蓉城装点，

新时代再写壮丽篇章，啊，壮丽篇章！

再写壮丽篇章！

任寒露润叶成花，看朝开暮落年华。

二、《芙蓉花开》

　　歌手郁可唯演唱的《芙蓉花开》专为蓉城成都所写，是成都万达文化主题曲。由于成都是郁可唯的家乡，芙蓉是成都市的市花，因此这首《芙蓉花开》也被看作郁可唯献给家乡成都的作品。整首歌清新柔美，经过郁可唯纯净甜美的声音的特别演绎，穿透力、感染力十足。甜美又略带复古的曲风，所表达的不仅是郁可唯歌声的优秀特质，更体现了成都的万种风情。听到这首《芙蓉花开》，就让人联想到成都大气、热情、奔放的城市魅力。

阳光透过窗洒在脸上，　　　　　　惊喜像是浪漫的电影，
开启多么美好的时光。　　　　　　在这如同梦一样的世界里，
朋友你可曾到过这里，　　　　　　不知不觉让我鼓足勇气，
　梦想已拉响汽笛，　　　　　　来吧来吧来吧来吧一起去 happy，
江水如同音符般流淌，　　　　　　总有适合你的游戏，
飞鸟停在绿绿的操场，　　　　　走吧走吧走吧走吧今晚的流星，
看那童话一样的地方，　　　　　　要为你下一场雨，
老人和孩子微笑着脸庞。　　　　　告别那些纷繁拥挤，
来吧来吧来吧来吧一起去看花，　　行万里只为到达这天地。
　芙蓉花香漫天涯，
走吧走吧走吧走吧一起滑雪呀，　　啦啦啦……
　爱情在生根发芽。　　　　　　啦啦啦……
牵手漫步芙蓉城下，　　　　　　　啦啦啦……
如同走进了一幅美丽的图画，　　　啦啦啦……
心意悄悄放进了抽屉，　　　　　　告别那些纷繁拥挤，
　　　　　　　　　　　　　　　行万里只为到达这天地。

三、"金芙蓉"音乐奖

　　"金芙蓉"音乐奖是"蓉城之秋"国际音乐季的品牌核心与文化旗帜。"蓉城之秋"成都国际音乐季创立于1981年，30多年间已成功举办24届。经过时间的沉淀和锤炼，作为一个城市艺术价值、产业价值以及社会价值的展现

"蓉城之秋"国际音乐季。

"金芙蓉"音乐奖。

载体，"蓉城之秋"有着丰富的品牌内涵与价值，数以万计的音乐作品从这里诞生，大量音乐人才从这里走向世界。2017年"蓉城之秋"经典归来，经过两年努力，逐步形成以"金芙蓉"音乐奖为核心驱动贯穿始终，以"民族、时尚、交响"三大板块主题展演为主要内容，辅以丰富多彩的论坛、音乐地图等配套活动的多元音乐城市品牌。两年来，活动共吸引50余支国内外演出团队加盟，超过500万人次参与线上线下活动，近百家中央级媒体、省市媒体共同关注，拉动市场投资1.5亿元，撬动亿元演出市场，促进文商体旅融合发展，带动相关消费近7亿元，为成都市打造"音乐之都"、建设世界文化名城助力。

"金芙蓉"音乐奖分为独立音乐、合唱、声乐民族组、声乐美声组四个板块，云集全国百所音乐院校和众多音乐厂牌，紧扣音乐产业链关键环节；"音乐擂台"布满全城，以专业评选占领行业高地；打造全球顶尖音乐艺术的交流平台，形成原创音乐作品的聚集地和青年音乐人才的孵化营。在2017年"蓉城之秋"成都国际音乐季开幕式上，拉开帷幕的是大型民族管弦乐与合唱《芙蓉花开》；在闭幕式上，一首《锦色》又惊艳亮相。

《锦色》作为蓉城音乐史上以"成都"为主题创作的第一首戏曲流行歌曲领唱整场演出，为新戏曲流行风歌曲。当京胡啼鸣、京班鼓清脆的敲击声拨开蜀都云雾，锦水般动人的旋律流淌而出，流行与戏曲交织缠绵，配合恢宏交响乐的改编与圣咏合唱，激荡人心，寓意深远！《锦色》是真正意义上的"成都造"，从词曲创作，到音乐制作，再到演唱，都实现了真正的成都本土化。歌曲的歌词十分讲究，工整押韵，蕴含着中国人积累几千年的审美。歌词中描绘了蓉城许多标志性的建筑和事物，比如青城山、锦官城的草庐、市树银杏等，当然也少不了市花——芙蓉。

"金芙蓉"音乐比赛不仅为中国音乐输送了一批音乐人才，同时也以"芙蓉"文化为亮点，凸显了"蓉城之秋"这一城市音乐名片。

《锦色》

作词：梅尔

青城山中浮生梦，
蓬山似隔几万重。
拨云雾，弄春风，
此生要把桃花种。
锦官城中笛声送，
草庐寒烟诗难休，
守明月，等清风，
此生沉醉锦瑟中。
你说百年同船渡，
千年共枕休，
我说芙蓉花下也风流，
你说白头吟春秋夜奔不如相守，
我说桃花笺上望江流。
剪一段月光似锦绣，
举一壶美酒醉心头，
银杏翩翩，知了春秋，
锦水蜀山，欲说还休。
锦城丝管日纷纷，
半入江风半入云，
此曲只应天上有，
人间难得几回闻。

第五节 其他艺术形式

一、芙蓉青铜镜

　　铜镜在中国具有悠久的历史，是中国古代青铜艺术中的灿烂瑰宝。迄今为止发现的中国最早的铜镜源自距今4200—3600年的新石器时代晚期的齐家文化，那时铜镜多作为祭祀的礼器。春秋战国时期，铜镜大量生产，主要为王侯贵族享用，到西汉末期，铜镜便作为生活用品走入寻常百姓家。铜镜的正面用作日常的梳妆照面，背面多铸有隽秀的铭文和精美的图案纹饰，体现了深厚的中国传统文化底蕴。各朝各代的铜镜都展现了不同的时代特色和艺术风格。北宋时期的铜镜纹饰则多以花卉、树木等植物作为创作题材，这也正反映了宋人寄情于自然和山水的恬淡和豁达。

　　芙蓉花是宋镜花草纹饰中的一个重要主角，在铜镜著录中多被称为"芙蓉花镜"。在《洛阳出土铜镜》著录中，宋代的芙蓉花镜就有10件，但由于古时候的植物名字多有混淆，经过专家对纹饰的仔细鉴定后，初步判断其中的构图花朵多为牡丹花、荷花或合欢等。20世纪80年代中期，湖南常德津市出土了一面北宋时期的芙蓉花镜。此镜直径23.5厘米，八瓣葵花形，乳钉钮，花瓣钮座，钮座外饰四朵缠绕枝头的芙蓉花。据湖南常德历史学家、收藏家周新国先生分析，此"芙蓉花"正是木芙蓉，这四朵芙蓉花俏丽绽放于镜中，

芙蓉青铜镜。

枝繁叶茂，花叶之间翻转自然，枝蔓呈"S"形卷曲，点与线之间如行云流水，疏密恰当，周新国先生称之为"饱满处见丰厚，疏朗处显空灵"。

盛唐是铜镜工艺的黄金时代，而从五代至宋朝，天下纷争，战事连绵，社会经济受到严重影响，铜镜的铸造工艺也逐渐衰退，加之宋朝实行严厉的铜禁制度，导致宋镜普遍胎质轻薄且铸造工艺远逊于汉唐。然而此面北宋的芙蓉花镜制作工艺精美，花朵纹饰设计水准极高，在"没落"的宋镜中实属罕见，丝毫不逊于汉唐铜镜。在那些动荡不安的年代，铜镜中美丽雅致的芙蓉花也表达了宋人对自然的热爱，以及对美好幸福生活的憧憬和向往！

二、芙蓉插花

插花艺术，常简称为插花，是以植物的枝、叶、花、果作为主要素材，在瓶、盘、碗、缸、筒、篮、盆等七大花器内，经过修剪、整枝、弯曲等技艺和构思、造型、设色等艺术加工，重新配置成一件精致完美、富有诗情画意、演绎天地无穷奥妙的花卉作品。插花艺术源于人们对花卉的热爱，通过对花卉的定格，表达一种体验生命的真实与灿烂的意境。

插花艺术是中国传统文化中最优美的古典艺术之一。北周诗人庾信的《杏花诗》中写道："好折待宾客，金盘衬红琼。"可见在1500年前，民间就有采折花枝入盘待客会友的习俗。隋唐时期，爱花之风盛极一时，无论是民间、寺庙还是宫廷，皆盛行插花，尤以寺庙供养插花最多，规模十分壮观。这个时期还

陈子庄《芙蓉瓶花》。

适合用于插花的芙蓉。

出现了《花九锡》等插花著作。宋朝时期插花艺术已在民间普及，并且受到文人的喜爱，也出现很多关于插花欣赏的诗词。中国插花艺术发展到明清时期已达鼎盛，有很多如《瓶花谱》《瓶史》等插花专著问世，这个时期的插花艺术强调自然朴实的风格、淡雅明秀的色彩和优美简洁的造型。近代中国，插花艺术在民间由于战乱一度没落消失。随着改革开放和综合国力的提升，花艺师融合东西方精华，经过努力重现传统插花艺术风采，中国插花艺术显示出强劲的生命力。

插花艺术最重要的技艺之一就是保持花材新鲜，尽可能延长花的保鲜期。许多古代插花著作都记录了花材保鲜的经验，明代张谦德《瓶花谱》中记载："竹枝、戎葵、金凤、芙蓉用沸汤插枝，叶乃不萎。"其原理可能是芙蓉韧皮部组织的筛管经沸水浸烫而变性，使体内有机物质不致外溢水中，故能延长芙蓉开花时间。

中国苏式插花艺术家兮月在其所作的《十二花月令》之芙蓉插花作品中，采用芙蓉、五针松、枯枝、枯木等植材，将秋意尽现。所配之器为元代印花双系黑釉扁壶，沉稳大气。细腻的白沙以及桌面的镜面反射，营造出一种"枯山水"独有的意境。所选用的芙蓉亦非灿烂饱满，连苞带叶，花朵盈盈探出，浑然一体，意趣非凡。通过文人插花，便可将芙蓉之美移至室内，令人倾心欣赏。

三、芙蓉石

芙蓉石（也称粉晶），是一种淡红色至蔷薇红色的石英石，因其拥有纯净粉嫩的色泽，犹如初开的木芙蓉花而得名。芙蓉石产于伟晶岩中，储量十分丰富，且分布普遍。世界著名的产地包括巴西、马达加斯加、美国等。我国芙蓉石的主要产地是新疆。

芙蓉石因含有微量的钛元素而呈粉红色，散发着温和迷人的光芒，如少女般流露出无尽的亲和力，令人不由自主地亲近，对其爱不释手。粉红色的珠子好似朵朵盛开的芙蓉花。因此，芙蓉石被誉为爱情的守护石，具有获得爱情和幸福的美好寓意。此外芙蓉石取之于天然，有助于舒缓人的心情，缓解紧张的情绪，使人保持平和的心境。许多人还相信芙蓉石集天地之灵气，有保家护宅、富贵吉祥的美好寓意。

芙蓉石。

芙蓉剪纸。

四、芙蓉剪纸

剪纸艺术是最古老和最具特色的中国民间艺术之一。中国人民将最朴素的思想感情和最细腻精湛的手工技艺通过一双双灵巧的手，经过一剪一刻一琢磨，融入到薄薄的纸片上，幻化出千姿百态的美丽图案。剪纸不只记录了人们的生活形态和喜怒哀乐等情感，更见证与记载了祖先赋予我们的文化精髓。一把剪刀剪出中国的人间百态，剪出民族精神之魂，剪出华夏文化绵绵千年的行走轨迹。这一艺术来自民间，造福于民间，繁荣于民间。每逢过节或新婚喜庆，人们便将美丽鲜艳的剪纸贴在家中窗户、墙壁、门或灯笼上，节日的气氛也因此被烘托得更加热烈。

剪纸所表现的主题丰富多样，百般变化，包括戏曲人物、花卉、草虫鱼兽等。芙蓉花因其美丽的姿态和吉祥的寓意也被人们作为剪纸艺术创作的灵感来源，这些作品中的芙蓉花或富丽大气，或野趣逸然，精彩纷呈，深为人们所喜爱。

五、芙蓉邮票

邮票的方寸空间，常体现一个国家或地区的历史、科技、经济、文化、风土人情、自然风貌等特色。世界各国的早期邮票图案都比较简单。随着社会的发展，当今世界各国都把自己国家在政治、经济、国防、科学技术、文化艺术、历史地理、自然风光及珍贵的动物、植物等方面最有代表性的内容作为邮票图案。

芙蓉花色彩绚丽、姿态怡人，生态适应广泛，又有富贵吉祥、繁荣幸福的美好象征，深受世界人民的喜爱，因而成为许多国家或地区邮票设计的主角，如塞拉利昂共和国（1963），（旧）喀麦隆联邦共和国（1966），苏里南共和国（1981，1990），泰国（2005）等。

各国芙蓉主题邮票。

民俗文化，是世代相传的民间风俗生活文化的统称，是一个国家、民族、地区中的广大人民群众在生产和生活过程中所创造、享用和传承的一系列物质和精神的文化现象。民俗文化依附于民众的生活、情感及信仰而存在，是一方土地和人民的血脉和灵魂，也是民族精神和民族品格的重要体现。民俗深植于集体，被人们一代一代传承，从一个地域影响、扩散至另一个地域，还会随着时代变迁而不断改变和发展。民俗文化深藏于人民的行为、语言和心理发展过程中，其范围可谓包罗万象，例如有与生产劳动有关的民俗，有传统节日的民俗，有规范人们生活成长不同阶段的礼仪民俗，也有从花木等自然事物中所抽象出来的民俗文化和民俗信仰。

第一节 芙蓉与花神文化

随着文学和艺术的发展，花木渐渐因其自然本性而被文人墨客赋予了特定的精神品格和气节，进而抽象出人格化的形象，并逐渐由"人"羽化为神，从而有了"花神"文化的形成。关于中国传统文化中较早出现的花神有几种说法，有《淮南子·天文训》中记载的"主春夏长养之神"——女夷；有佛教故事中记载的总领百花的男性花神——迦叶；有道教中记载的魏夫人弟子——花姑。此外还有一些因历史、传说以及文学作品被后人赋予花神称号，成为特定花卉的象征。在众多与花神有关的民俗文化中，最受民间喜爱的是"十二花神"。十二花神是指一年十二个月中，每个月选择一种在当月开花的代表花卉，称之为月令花卉，而每月有一位或多位才子佳人被封为掌管此月令花卉的花神。由于中国地域宽广，南北地理气候差异显著，流传下来的月令花卉版本也不尽相同，但普遍认同十月的月令花卉就是拒霜而开的木芙蓉。关于木芙蓉的花神形象有许多民间版本流传于世，有历史典故中的英雄人物，有文学作品中的虚构形象，还有吟诗作赋的风流学者。

一、倾国倾城的花蕊夫人

忠贞不渝的花蕊夫人。

五代十国时期，四川先后建立了前蜀、后蜀等政权，但青史留名、广为蜀人所传诵的并非是天子之尊的皇帝，也不是为国效力的文臣武将，而是倾国倾城的花蕊夫人。历史上封号为"花蕊夫人"的不止一位，但后世大多将其事迹合为一体，承载于一位才貌双全、命运坎坷的女子身上，她就是后蜀主孟昶的爱妃——费氏（又有一说为徐氏）。这位花蕊夫人不仅容貌绝佳，而且精通诗词。她与孟昶二人以诗文相唱和，琴瑟和鸣，感情笃厚，还留下了为后人传诵的《花蕊夫人宫词》。

宋乾德三年，后蜀被宋灭亡，孟昶与花蕊夫人被俘至开封，行至葭萌驿时，花蕊夫人噙泪题词道："初离蜀道心将碎，离恨绵绵，春日如年，马上时时闻杜鹃。"诗句中抒发了亡国妃子的深切悲痛。不久孟昶便被害而死。宋太祖赵匡胤因闻花蕊夫人美名将其纳入后宫，但她对孟昶终究痴情不泯，私绘孟昶画像于寝宫每日叩拜，述尽相思。后来画像被宋太祖发现，花蕊夫人急中生智辩解道："所挂张仙，送子之神，蜀人皆知。"幸未追究。而送子之神也在民间广为流传，后人也将花蕊夫人尊称为"送子娘娘"。《后山诗话》记载："入备后宫，太祖闻之，召使陈诗，诵其亡国诗。"面对威严的宋太祖，花蕊夫人留下了"君王城上树降旗，妾在深宫哪得知；十四万人齐解甲，更无一个是男儿"的千古名句，其中饱含亡国之痛和对不战而降的愤慨之情。

后世关于花蕊夫人的死有多种说法，有的说是因卷入了宋廷的权力之争，触犯了宋太宗赵光义的利益，在一次打猎中被一箭射死；也有的说她是因为思念先主孟昶被宋太祖发现而赐死。后人感念她对孟昶的忠贞不渝和对家国的一片赤诚之心，同时更因其与孟昶的千年芙蓉情缘而赋予成都"芙蓉城"的雅称，尊奉花蕊夫人为"芙蓉花神"！遥想千年前，在那个充满深情的十月金秋，孟昶带着自己的爱妃花蕊夫人一同登上成都城楼，相依相偎，爱意绵绵，观赏红艳数十里、灿若朝霞的芙蓉花。只愿时光静好，唯留深情于世间！

二、风流才子石曼卿

石曼卿，名延年，北宋时期河南宋城人（今河南商丘），是北宋著名的文学家和书法家。其所著《石曼卿诗集》《扪虱庵长短句》现均已亡佚，只有少量作品留存于世。《宋史》记载，石曼卿多次参加科举，累举不中，至

风流才子石曼卿。

宋真宗时方才进入仕途。石曼卿在为官期间充分展现了其政治才能和军事才能，多次对契丹、西夏等边界之患提出谏言。石曼卿为人疏荡不羁，好饮酒，和当时的刘潜、范讽等人时常纵酒自豪，不拘礼法，人称"东洲逸党"，成为时流慕效的对象。其酒量甚大，别人喝酒以盏论数量，而他是以饮几日而论。此外，他还发明了"囚饮""巢饮""鹤饮"等闻所未闻的喝法。

历史上喜饮酒之人往往多有才情，石曼卿正是这样的人。欧阳修在纪念其好友的祭墓之作《石曼卿墓表》中说道："诗格奇峭，又工于书。"石曼卿的才情正是体现在诗歌和书法上。北宋中前期，文坛崇尚豪放之风，石曼卿、欧阳修、杜默被称为"三豪"。相传有人以李贺的"天若有情天亦老"征联，但鲜有人对得精准绝妙，直到石曼卿对出"月如无恨月常圆"，方让众人叹服。此外石曼卿的书法堪称绝妙，范仲淹称赞："曼卿工书，笔画遒劲，体兼颜柳。""诗成多自写，笔法颜与虞，往往落人间，藏之比明珠。"就连后来的大文豪苏东坡也由衷叹道："曼卿大字，越大越奇！"

可惜天妒英才，石曼卿在47岁时就英年早逝。后世盛传有故人在其死后遇到他，在这场恍然若梦的相遇中，石曼卿对故人说："你不是碰到鬼了，而是遇见神了，我现已是芙蓉城城主，司管木芙蓉。"于是后人尊称他为十月的芙蓉花神，宋代诗人苏轼也在《题海州石室》中称石曼卿为"芙蓉仙人"。也许在那片虚无缥缈的仙乡，在开满红花的芙蓉城里，那个满腹经纶的才子正对着美丽的木芙蓉把酒言欢，述说当年的豪情壮志！

三、痴情歌妓谢素秋

谢素秋是明代万历年间著名戏曲家徐复祚《红梨记》中的女主人公。《红梨记》是一部描述政治与爱情的佳作，在批判封建礼教的同时，又将人物情感描写得细腻深入，是徐复祚成就最高的一部传奇之作。作品讲述了山东才子赵汝州和汴京歌妓谢素秋的爱情故事。

北宋末年，山东淄博的书生赵汝州作为本省的解元入京应试。谢素秋是色艺超绝的京城名妓，在诗词歌赋方面也颇有造诣，赵汝州曾多次慕名前去拜访，但都遗憾未能相见。无独有偶，谢素秋也对赵汝州的才华有所耳闻，于是赠诗相约会面，却不料在一次宴会中被奸臣王黼看中，将她囚禁在家中并打算献于金国丞相斡离不，以谋求金朝王爵。两个有情人阴差阳错，不得相见，伤心欲绝。后素秋在府中花婆的帮助下逃出王府，流落至花婆老家雍丘，幸被赵汝州的旧友钱济之收留。恰逢兵事祸乱，赵汝州亦投靠至钱济之家中，济之怕汝州科考之际分神乱心，不允许素秋向其透露真实身份，素秋只得假借太守之女王小姐之名与其相见，并赠其红梨花一枝。后金兵撤离，康王继位，科考重新选举，然赵汝州已被王小姐（谢素秋）俘获郎心，不恋功名，于是钱济之和花婆设计鼓励赵汝州，并称"王小姐"实为女鬼所化，汝州大惊失色，只得忍痛赴京考取功名。揭榜之时，赵汝州不负众望，及第状元，赴任途中拜访钱济之，经众人解释，谢素秋与赵汝州有情人终成眷属。

芙蓉花盛开于深秋，虽历经霜冻，却执着不悔，傲然开放。后人感念于谢素秋对爱情的忠贞和执着，于是将其奉为十月芙蓉花神。

痴情歌妓谢素秋。

四、风流灵巧悲晴雯

《红楼梦》是曹雪芹留给后人的文化瑰宝，除了作品本身，书中所刻画的各种人物形象更让人们沉浸其中，唏嘘感慨。金陵十二钗的正册、复册，甚至是又复册都不乏血肉鲜活、栩栩如生的人物形象。晴雯正是这样一个鲜明而独特的人物存在，她是卑微的奴婢，也是宝玉的知己，她美丽纯洁、品行高洁，她热情率真、一身傲骨，她可爱可怜，又可悲可叹！"霁月难逢，彩云易散。心比天高，身为下贱。风流灵巧招人怨，寿夭多因毁谤生，多情公子空牵念。"这是《红楼梦》作者曹雪芹给晴雯的判词，也预示了她悲情的命运结局。

晴雯自幼是孤儿，10岁时被贾府的奴仆赖大买到家中，成为奴隶的奴隶，后因"贾母见了喜欢"，便被赖大家的作为礼物孝敬给贾母。晴雯生得灵秀动人，又有一双巧手，便又被贾母送至怡红院作为贾宝玉的贴身丫鬟，这被卖来送去的悲苦身世造就了她后来爱憎分明、嫉恶如仇的性格，敢于向命运做出坚决的反抗。在宝玉的众多丫鬟中，晴雯算是最为光彩照人的一个，她的美并非庸脂俗粉，而是天然去雕饰。贾宝玉曾比喻晴雯"是一盆才透出嫩箭的兰花"，而兰花的清新高洁正符合晴雯的气质。即使在小姐们当中，晴雯也毫不逊色，黛玉是"风吹吹就坏了"的病态美，宝钗是"任是无情也动人"的孤冷美，而晴雯是活泼热情、心旷神怡的朝气美。虽然晴雯在怡红院的地位次于袭人，但作为金陵十二钗"又副册"之首，只有她敢于和宝玉争辩，对自己的主子也不忍不让，不依不饶，因为在她心中和宝玉的感情是相互尊重和真诚相待的，而自己不是任凭主子奴役和践踏的奴才。看惯了奴颜婢膝的宝玉也因此对这个小丫鬟刮目相看，他们名为主仆，实为知己，除志同道合的伴侣黛玉外，晴雯则是宝玉最为信赖和亲密的人。这不是丫鬟因美貌恃宠而骄，也不是公子因喜爱而纵容，这是两个"离经叛道"之人在思想和情感上的默契，也是他们追求自由、敢于向封建的暴力统治发起坚决反抗的共鸣！也正是这样一种发自灵魂的深刻感情，让宝玉在晴雯抱屈而死后无比悲痛和愤怒，甚至在心理上造成了莫大的创伤。在这势利封建又禁锢人性的贾府，嫉恶如仇、高傲自尊又大胆叛逆的晴雯是难以容身的，她的风流灵巧也遭到了众人的怨念和妒忌。

晴雯死得壮烈，贾宝玉在《芙蓉女儿诔》中表达了对晴雯的沉痛哀悼和对封建势力的强力谴责。后来一个小丫头告诉宝玉，晴雯死后实是去做了专管芙蓉的花神，从不迷信神灵的宝玉竟不以为怪，相信了这个小婢看似滑稽的言论，还说："此花也须得这样的一个人去管，我就料定她那样的人必有一番事业！"或许让晴雯在死后进入幸福的天堂，成为芙蓉花神，才能让宝玉的内心得到些许的慰藉，也是对这位红楼女儿的深情厚爱和最高礼赞。

关于芙蓉花神的传说还有很多，如醉心于山水，在晚年所居之处遍种芙蓉，并写下《窗前木芙蓉》等优美诗句赞美木芙蓉的诗坛巨匠范成大；还有性情淳朴、一生建树颇多，死后与石曼卿共为"芙蓉城主"的丁度大学士；以及同样姿色美艳却又红颜薄命的四大美女之一貂蝉和南唐陈后主宠妃张丽华。这些或美好或遗憾的故事无不展现了人们借由木芙蓉的力量来表达对浪漫爱情的向往、对传奇人物的歌颂，以及对美好生活的祝愿！

品行高洁、寓意丰富的芙蓉花。

第二节 芙蓉与花朝节文化

供奉和祭祀花神的庙宇称为花神庙。晚清前，花神庙还如同土地庙、城隍庙一般被寻常老百姓所祭拜，然而如今得以保留下来的花神庙已是寥寥无几，实是人类文化保存的一大憾事。而相比花神和花神庙，"花朝节"更是鲜有人知。花朝节又被称为百花的生日，关于其历史记载最早见于春秋时期，清代秦味芸编著的《月令萃编》中记述："《陶朱公书》云：'二月十二日为百花生日。无雨，百花熟。'"文中提到的陶朱公正是春秋末期助勾践复国的范蠡，由此可推断花朝节在春秋时期就已萌芽。

而正式出现"花朝节"的说法则是在晋代或更早时期——晋代周处《风土记》记载："浙江风俗言春序正中，百花竞放，乃游尚之时，花朝月夕，世所长言。"到了唐宋时期，花朝节日益发展兴盛，和民间的端午节、中秋节等成为一年中人们最重要的节日。每当花朝节来临，无论是尊贵的皇室还是寻常百姓家，都会参加神圣的祭祀活动和各种形式的民俗文化活动。据传唐太宗在花朝节这天于御花园中主持"挑菜节御宴"。所谓挑菜就是采撷野菜，因为花朝节前后正是早春各种营养丰富的野菜鲜嫩之时，食之可强体祛病。武则天也有在花朝节下令宫女采集百花，和米一起捣碎蒸制成糕以赏赐群臣的事迹记载。直至清代末年，慈禧太后还于花朝节在颐和园"赏红"，观看《花神庆寿事》。

民间关于花朝节的民俗文化就更为丰富了，如祭拜花神、踏青赏花、游园扑蝶、挂彩赏红、喝百花酒、吃百花糕、唱百花戏等。花朝节在各地区的具体时期并不一样，《翰墨记》中记载："洛阳风俗，以二月二日为花朝节，士庶游玩，又为桃叶节。"而南宋吴自牧所著《梦梁录》中记载："二月望，仲春十五日为花朝节，浙间风俗，是以为春序正中，百花争放之时，最堪游赏。"可见，花朝节虽日期略有差异，但都值各地春季的最佳赏花期，也因此在各地形成举办花市花展的传统。宋代王观《芍药谱》中说道："扬人无贵贱，皆戴花，开明桥每旦有花市，盖城外神智寺、城中开明桥皆古之花市也。"

青羊宫花卉展销会。

一、花市和芙蓉花展

　　成都的花市起源很早。相传自唐宋时期开始，人们便在农历二月十五，也就是花朝节当天举办盛大的花市花会。据宋人的诗文记载，成都的花市主要集中在青羊宫一带举行。花朝节这一天，春光明媚，人们既到青羊宫中祭拜老子，进香祈福，同时也到花市中赏万千花木斗艳争芳。"庙会""花会"合二为一，成为古成都地区一年一度最为盛大的春日盛会。而芙蓉花与成都的千年情缘很有可能就是始于这场盛会的。相传五代后蜀主孟昶的宠妃花蕊夫人从百花之中看到了如天上彩云一般的芙蓉花，心中甚是欢喜，然而花不常开，美丽终会随着时间逝去，花蕊夫人不免心中感伤，脸上也不再有笑意。直到秋季来临，花蕊夫人在一次外出散心的途中，再次看到了那一树树的锦绣繁花，方才流露出发自内心的喜悦之情。孟昶得知后，为了再搏美人一笑，他下令在成都城上下遍种芙蓉花，待来年花季，成都便四十里芙蓉如锦绣，从此便有了"芙蓉城"的雅称。传说存在一定的虚构或误传，此传说中关于花蕊夫人在花朝节花市看到芙蓉花这一记录与芙蓉花的花期存在出入，据猜测可能是花蕊夫人在花市中看到了和芙蓉花相似的一种花，由于古时对植物的种类没有科学的分辨，因此后来阴差阳错地让芙蓉花登上了成都历史的大舞台！不过这些并不重要，无论是阴差阳错，还是时势造就，芙蓉花对于成都而言是缘起千年，是这座城市的历史印记，更是蓉城和蓉城人的根和魂。

然而千年过去，芙蓉早已不复当年的盛名。20世纪80年代，全国兴起了市花市树的评选热潮，成都市也提出了"关于评选成都市市花市树的倡议"，并建议开展全市群众范围的评选活动。经过广泛的宣传，共收到来自四川乃至全国各地的各行各业群众的投票1605张。在收到的选票中，有作对联的，还有作诗的，如"千年古树，历经沧桑成参天栋梁；芙蓉名城，饱经风霜而永葆青春"，就是来自一位石油管理局研究院的老师。还有一位少先队员在选票中热情地写道："我爱芙蓉，不仅因为我的名字中有'蓉'字，而且古往今来，芙蓉已成为成都的化身。"在这一千多张选票中，芙蓉花占市花总选票的65%，和市树银杏一起名列榜首。最终，经过专家评审论证和成都市九届人大常委会第八次会议的审议，这朵"清资雅致，秋来拒霜吐艳"的木芙蓉于1983年被正式定为成都市市花，和银杏并称为市花市树。同时每年的农历九月初九重阳节被定为成都的"市花市树日"，成都也是世界上目前唯一一个设立了"市花市树日"的城市。

1983年10月，成都市举办了首届芙蓉花展，和市树银杏一起面向广大的市民群众，"3000多盆花团锦簇的芙蓉花和苍劲的银杏桩头把人民南路广场和锦江河畔的锦水苑打扮得秋色宜人，辉映溢彩"。1984年在人民南路举办了第2届市花展览。1986年10月，芙蓉花作为成都市市花参与了深圳举办的第1届全国城市市花展览，受到了全国人民的关注。1987年10月，成都市植物园举办了第3届市花评比展览，参展单位15个，展品1150盆。1988年10月，第4届芙蓉市花展在百花潭公园举行，展品2000余盆，参展单位15个，展期15天。在1989年第5届市花展期间，百花潭公园还同时举行了市花评比展览，参展单位18个，共评选芙蓉景观项目5个类别14个奖项，其中"钢花映芙蓉""芙蓉花仙""芙蓉花堆"等景点受到民众一致好评。1990—2003年，市花展在南郊公园举行。南郊公园以仿古建筑为主，极具古香特色，而芙蓉的历史文化也可追溯千年，两者结合让芙蓉更具有韵味。把芙蓉和其他花色

20世纪90年代的芙蓉花展。

丰富的时令花卉通过传统的摆花形式，打造出规整的小场景，烘托出节日氛围。2004—2013年，第20届至第29届市花展在百花潭公园举行。由于芙蓉花开的时间也是桂花的盛花期，因此第22届和第23届市花展同时也是金秋桂花节。第22届市花展有人民公园、植物园、武侯区绿委等十几家市区园林单位参展，共设9个展区，包括20多个品种的芙蓉花、1000株盆栽桂花及地栽精品桂花林、65000余盆时令鲜盆花。第23届市花展布置的展区增加到18个，包括芙蓉20多个品种共计5000余盆、桂花10多个品种1000余株及园内地栽桂花林。从第24届到第29届市花展，除了布置精致花卉展区、打造场景小游园外，还在园内增设了插花花艺比赛，并在银杏广场进行展出，极大地丰富了花展内容。

2014年，以"游秋韵植物园，观锦绣芙蓉花"为主题的成都市第30届市花展在成都市植物园隆重举行，为了突出芙蓉这个美丽的主角，植物园在此次花展中着重增加了园区内芙蓉的品种和数量，强调地栽芙蓉特色，并辅以盆栽芙蓉共计3000余盆，集中展出了"锦蕊""锦碧玉""百日华彩"等15个芙蓉品种，同时还在园区各节点道路增设了芙蓉诗词等具有传统文化特色科普教育展牌。2017年第33届芙蓉花展期间，植物园中展出的芙蓉品种已达到19个之多，公众可以在花展活动中尽情欣赏芙蓉的千姿百态。

此外，成都市植物园还在每年的芙蓉花展期间举办了如"蓉城艺术名片——杨学宁芙蓉花油画展""芙蓉清韵——尹嘉伟芙蓉写意扇面小品展""与蓉城艺术家一起画芙蓉""芙蓉文化游"等各种寓教于乐的芙蓉主题科普活动，通过芙蓉这一视觉载体把人们的美好生活完全展现出来，让芙蓉的自然之美牵手艺术之美。公众在欣赏芙蓉秋韵之美的同时，感受芙蓉的文化艺术内涵。自此，成都市民不光可以在仲春花朝时节欣赏百花争艳、姹紫嫣红，还可在月夕中秋之季沉醉于芙蓉花开、十里锦绣，花朝月夕的民俗文化活动被成都人民开发得淋漓尽致。

花展期间芙蓉花团锦簇，美不胜收！

二、天府芙蓉花节

花市和花展发展到一定阶段便衍生出新的形式，即花会；而花会再进一步发展就出现了花节。花节是将花展、花会等各项民俗活动传承下来后，随着时代发展和文化变迁进一步发展而来的以花文化为载体，集赏花旅游、文化活动、经贸会展于一体的大型综合性民俗文化节事。

芙蓉市花展的举办在一定程度上扩大了芙蓉的影响力，许多民众通过花展认识了这朵美丽的成都之花。但芙蓉与这座城市的千年之缘相对被成都人民所遗忘。相比熊猫和太阳神鸟，芙蓉这个可连接成都的历史、现在和未来的符号并没有得到应有的礼遇，蓉城的历史文化内涵被现代社会飞速发展的脚步甩在了身后。

2017年，在政协第十四届成都市委员会第五次会议上，政协委员何立新提出了"以芙蓉为城市形象标识，打造国家文创中心城市"的重要建议。他说道："蓉城与芙蓉的历史关联无疑是成都不可多得的文化遗产。结合成都建设美丽中国典范城市和创建西部文创中心城市的两大目标，进而实现国家中心城市建设的宏伟蓝图，应重新挖掘蓉城内涵，以'芙蓉'为标识

天府芙蓉花节开幕式。

构建成都的城市形象。"同时他还提议："要创建以芙蓉为主题的节、会、赛、展等文化活动，引导市民积极参与，让'到成都看芙蓉'成为旅游行为的号召力。"四川著名作家阿来和成都知名芙蓉画家杨学宁也多次提议，应与当前芙蓉广泛栽植同步，打造芙蓉文化产业，将其纳入成都城市名片，进一步塑造成都富于历史文化底蕴和现实形态的城市魅力。在社会各界的努力之下，成都市人民政府于2017年印发了关于"擦亮蓉城名片，打造芙蓉文化产业"的工作方案，其中就提到了"以植物园芙蓉花展为基础，在每年九月初九的成都市花市树节前后，举办芙蓉主题文化节，将其打造形成国内知名的花卉节庆"。

　　2018年9月28日，由成都市林业和园林管理局（现为成都市公园城市建设管理局）、成都市武侯区人民政府、中国民主同盟成都市委员会主办，成都市植物园协办的成都首届天府芙蓉花节正式拉开帷幕。此次芙蓉花节的主题为"筑梦新时代，花重锦官城——品芙蓉，懂成都"，花节以芙蓉搭台，文化唱戏，量身打造"一演、两会、三展、三赛"的大型文化盛事，擦亮市花芙蓉这张蓉城名片。由天府芙蓉园作为花节主会场，成都市植物园作为分会场，一南一北遥相呼应。在主会场天府芙蓉园的开幕式上，16位翩翩仙姿的"芙蓉女神"惊艳亮相，与各位游客邂逅于芙蓉花丛中，演绎芙蓉花纯洁之美，重现"花重锦官城"的盛景。同时身披"武侯红、民国青、生态绿和现代灰"的芙蓉花节吉祥物"蓉宝"也惊喜现身，憨态可掬。随着舞台上高达6米的巨型"芙蓉花"的盛开，一场围绕天府文化、芙蓉文化、三国文化等成都文化元素的"金芙蓉之夜"经典音乐会隆重开始。此次音乐会邀请了国内外知名音乐家、艺术团体和成都本土艺术家等组成强大的演出阵容，以东西方经典音乐的激情碰撞、西方古典音乐大师与中国音乐大师的现场交流为特色，其中《天府百花芙蓉赋》《百花旗阵》《迎神舞》等经典节目更是引来了现场观众的纷纷赞叹，整场音乐会呈现出具有极强冲击力和震撼力的舞台艺术和"花开满城"的音乐诗画，彰显出天府文化的博大精深，为市民带来一场记忆深刻的经典晚会。在主会场中，除了丰富多彩的音乐演出以外，天府芙蓉园还为市民举办了"芙蓉食坊""大型园艺展"等主题活动，让游客在赏花品花的同时，还能亲自制作和品鉴芙蓉特色美食。

金芙蓉之夜经典音乐会。

　　此次天府芙蓉花节的分会场——成都市植物园则以芙蓉花展和芙蓉文化科普活动为主打特色，将整个花节推向了另一个高潮。为了增加芙蓉的观赏多样性，植物园携22个芙蓉品种集中亮相花展，'锦绣紫''锦蕊''锦碧玉''百日华彩''醉芙蓉'等品种约万余株（盆）竞相争艳，让游客尽赏"一日三色"的奇妙景观，体验"四十里如锦绣"的壮观和震撼。在市花节期间，国内首个市花主题画展——"城市芳华"在植物园科普馆开幕，张幼矩、江溶、杨峥峰、王建生、张尔宾等40余位全国民盟知名画家以各城市市花（市树）为主题精心创作了100余幅作品，公众在欣赏这些市花的同时，更能感受到这些作品所映射的精彩繁荣的城市文化。

　　此外，植物园还举办了金秋芙蓉摄影书画展。中国盆景艺术大师张重民、成都著名书画家羊角等20多位大师来到现场，他们以饱满的热情挥毫泼墨，畅抒胸臆，以书法或绘画描绘心中的芙蓉花和蓉城美景。同时为了让整个芙蓉花节更具体验性和互动性，植物园尝试创新，以结合历史、联系生活的方式，推出了多个以芙蓉为主题的创意民俗体验活动。其中"花草掩生纸，芙蓉留清香"——DIY芙蓉花草纸活动，便是以昔日蜀中才女薛涛制作"薛涛笺"为设计的灵感来源。由于条件限制，虽无法真正再现"薛涛笺"，却可以尽量还原手工造纸的方法，让参与体验的游客将芙蓉花瓣和叶片嵌于纸浆中，做成芙蓉花草纸，将芙蓉清香留存于洁白的生纸中。此外，植物园还推出了"芙蓉清香留柔荑，羊脂水涓洗凝脂"——DIY芙蓉手工皂活动和"映象芙蓉"蓉城青少年写生采风活动，将芙蓉融入生活和艺术，结合历史典故、手工创作以及专家交流的方式在公众心中种下一个美丽的"芙蓉梦"。

第二届市花节于2019年9月28日至2019年10月28日在成都举行。此次

芙蓉手工皂 DIY 科普活动。

国内首个市花主题画展"城市芳华"在成都市植物园启幕。

"映象芙蓉"——蓉城青少年画芙蓉。

花节的主题为"盛世芙蓉，花开天府"，由民盟成都市委、成都市公园城市建设管理局及武侯区人民政府联合主办，成都市植物园和天府芙蓉园承办。花节有重点布展点位42个，分别位于8个市属公园、22个区市县及12个绿道和主城区部分主要道路节点，以期形成以点带面、全市联动的观花网络。

作为市花节的分会场之一，成都市植物园将重点打造第35届芙蓉市花展。此次花展旨在推广芙蓉文化，擦亮蓉城名片，为成都建设美丽宜居公园城市助力，同时更是为建国七十周年献礼。花展中将打造"锦绣芙蓉""一路蓉华""芙蓉水鸭""芙蓉文化墙"等多个芙蓉主题景观展区，让游客既能领略芙蓉风采，也能品味其文化内涵。同时花展期间还将首次推出"芙蓉网红打卡墙"，将传统文化景区 IP 融入互联网社交群体中，实现新艺术形式和文创形式的转换，吸引更多当代年轻人认识芙蓉，了解隐含在芙蓉背后的成都历史。此外花展期间还将同时举行"芙蓉研讨会"、"芙蓉花仙COSPLAY 评比赛"、"芙蓉研学活动"、"芙蓉精品画展"和"公园城市成果摄影展"，以及"非遗眼中的芙蓉花"等大型芙蓉主题活动，让公众对芙蓉美景和芙蓉文化都有更深度的体验！

天府芙蓉花节是芙蓉市花展的延续和升华。如今，天府芙蓉花节已成为成都人民的重要节庆活动，也逐渐成为当代成都人的新民俗。这些和芙蓉有关的民俗活动源于民众，本于民众，也逐渐唤起了蓉城人民的文化认同，芙蓉和芙蓉背后承载的天府文化和成都记忆必将在新一代蓉城人心中更好地传承下去。

第六章

芙蓉造物

FURONG ZAOWU

中国是世界上拥有花木种类最为丰富的国家之一，也是花木栽培应用的发源地。回溯至数万年前，当第一个远古人惊异于花的美丽，将它的线条刻画在石器上时，人类与这种神奇瑰丽的自然造物间便已谱写好难解的羁绊，无数美丽的传说与故事，也从此时冥冥注定。在华夏民族漫长的历史进程中，古人慢慢发掘了花木在人类生活中的实用价值，之后才有了花木对中国文学、艺术、民俗，甚至是国人的性格所形成的深刻影响。

第一节 芙蓉入馔

古人对于花的爱惜，可谓深入到骨子里。有文字记录为证："花开则赏之，花落则食之，勿使有丝毫损废。"古人食花大致可以分两类，一种是文人墨客，食花是为了彰显其风流儒雅；一种是王公贵族，食花则是为了显示其富贵荣华。

关于食用花卉最早的记载始于2000多年前的先秦时期。著名诗人屈原在《离骚》中提到了古人食用菊花："朝饮木兰之坠露兮，夕餐秋菊之落英。"《神农本草经》里也提到了桂花酒的酿制以及菊花具有"轻身耐老延年"作用。民间还有服用菊花"百日，身轻润泽；一年，发白变黑；两年，齿落再生；五年，八十老翁变儿童也"的传闻。可见在那时人们已经开始关注食用花卉的养生功效了。

到了两汉时期，又出现了菊花酒、兰花酒和芍药酱。鲜花被直接食用也出自这个时期。"汉昭帝游柳池，中有紫色芙蓉大如斗，花叶甘，可食，芬气闻十里"，这里的"芙蓉"应该指的是荷花，其花、叶不仅甘甜，而且清香味十足。

唐宋时期，食花文化达到巅峰，上至君王下至百姓，用花做花糕、煮粥等已经很常见。此外还形成了一些食花习俗，譬如重阳节时必食菊花。宋代时随着佛教文化在中国盛行，我国的素食菜品得到了较快发展，其中也包括花卉菜肴。这时食用花卉更加多样化，烹饪方法也更加丰富。在这一时期诞生了食花方面的专业书籍《山家清供》，其中收录了"米渍梅花""雪霞羹""紫英菊""梅粥""雪露羹"等十余种花卉的烹制和食用方法，其中的"雪霞羹"就是一道关于木芙蓉的佳肴。

明清时期，人们从鲜花中提取香露，再添加到酒和汤中，促使食花的方式又向前迈进了一大步。明代高濂的《遵生八笺》和戴羲的《养余月令》中都记录了多种可食用花卉。

清初陈淏子的《花镜》一书里有《百花酿》一节，提及："况园中自有芳香，皆堪采酿；具百般美曲，何难一浇杜康。"可见，以各种花卉酿酒供人们饮用，自古至今均盛行不衰。

到了现代，人们在享受食花的风雅趣味时，更关注其对自身健康的影响。研究资料显示，可食用花卉中一般含有较丰富的多酚类物质、黄酮、氨基酸、微量元素及维生素等。其中的多酚类和黄酮类物质具有良好的抗氧化、抗菌、抗病毒、抗微生物、抗肿瘤、调血脂和降血糖功效，从而在一定程度上能够增强体质，对人的健康有好处。因此，食花在现代受到了养生族的追捧。

如今，我国有一百多种花卉可以食用，如桂花、百合、玫瑰、菊花、茉莉等，食花的形式也多种多样。芙蓉花入菜食用的历史由来已久，这点从"雪霞羹"可以看出。芙蓉花富含人体所需的氨基酸、还原糖、蛋白质、矿物质及微量元素等营养成分，加之色泽美、味道鲜、口感好，因此以芙蓉花为原料制成的各种美味佳肴受到广大食客的青睐。

一、"雪霞羹"

芙蓉入馔中最为有名的菜谱为"雪霞羹"，收录于宋代林洪的《山家清供》。由于芙蓉花色红如霞，豆腐色白似雪，红白相映，犹如雪后晴天的红霞而得名。清代诗人袁枚，不仅善诗文，而且精通饮食烹饪，他所著的《随园食单》为我国一部重要的烹饪著作。据记载，他为了得到"雪霞羹"的烹饪秘诀，竟亲自折腰以求之。木芙蓉有清热凉血的作用，豆腐能益气和中，二者合用能增强清热解毒和益气养胃的功效。目前，由中央电视台出品的《舌尖上的中国》第三季中也收录了这道佳肴。

原料：新鲜芙蓉花瓣100克，豆腐150克，鸡汤、盐、味精适量。

制作：芙蓉花瓣洗净、控干；将芙蓉花、豆腐和鸡汤一起放入锅中煮开；加入盐、味精调味，再煮1~2分钟即可盛盘。

功效：清热凉血，理气养胃。

二、芙蓉花鸡片

原料：新鲜芙蓉花瓣25克，鸡脯肉200克，鲜蘑菇20克，青豆20克，水淀粉、盐、味精、鸡汤适量。

制作：芙蓉花瓣洗净切块；鸡脯肉、蘑菇切片；把蘑菇和青豆放在锅中，加水煮开，再倒入鸡脯肉，加盐、味精和鸡汤调味；最后加入木芙蓉花，用水淀粉勾芡。

功效：蘑菇中含有丰富的赖氨酸。赖氨酸是人体必需的氨基酸，能增强抗病力、增加血色素、提高智力等。青豆富含不饱和脂肪酸和大豆磷脂，有保持血管弹性、健脑和防止脂肪肝形成等作用。

三、芙蓉三鲜酿豆腐

原料：芙蓉花2朵，豆腐500克，水发海参20克，熟冬笋20克，虾仁100克，鸡蛋3个，面粉15克，姜末5克，麻油10克，咖喱沙司150克，味精、精盐各适量。

制作：将豆腐切成厚块，用热油炸成金黄色，捞出控油，待凉后，再从上面削下一薄片，挖成槽状，待用。水发海参、熟冬笋均切成小丁，用开水焯一下；芙蓉花摘瓣洗净，切成小片，也放入开水中焯烫一下；虾仁摘洗干净，切丁。以上原料均放入瓷盆中，加蛋清、淀粉、少许精盐拌匀后，填在豆腐上，封好口，上蒸锅，蒸10分钟，取出码入鱼盘内，撒上余下的木芙蓉花片，浇匀咖喱沙司即可。

功效：食之馅嫩豆腐酥，花香沁人，具有滋阴生津、清热凉血之功效。

四、韭菜芙蓉煎蛋

原料：新鲜芙蓉花花瓣5瓣，韭菜1把，鸡蛋4个，盐适量。

制作：芙蓉花瓣洗净，撕成小块；韭菜洗净，切成小段；鸡蛋打到碗里，放少许盐后搅匀；锅中放油，待油热后倒入蛋液，炒成型后装盘；锅洗净后再倒入少许油，放入韭菜段翻炒，断生后放入炒好的鸡蛋和芙蓉花瓣，翻炒均匀出锅。

功效：鸡蛋富含优质蛋白，鸡蛋黄中的卵磷脂、卵黄素等，对神经系统和身体发育有很大作用。卵磷脂被人体消化后，可促进大脑发育、改善记忆力等。而且鸡蛋里含有丰富的叶黄素和玉米黄素，对保护视力大有益处。

五、芙蓉白肉

原料：新鲜芙蓉6朵，五花肉250g，葱、蒜、姜、料酒、生抽、香油、花椒油、辣椒油、盐少许。

制作：将芙蓉花洗净；在装有清水的锅中放些生姜、料酒，然后放入五花肉煮熟；捞起将煮熟的五花肉切成薄长条片，用其包裹芙蓉花后用小葱捆绑，放入盘中造型。最后调好蘸料，包括葱末、蒜末、姜末、料酒、生抽、香油、花椒油、辣椒油、盐等搅拌均匀。

六、芙蓉茭白

原料：新鲜芙蓉花花瓣6瓣，五花肉100克，茭白300克，盐、生抽、蒜适量。

制作：芙蓉花瓣洗净，撕成小块；茭白一分二，切斜片；五花肉切薄片，蒜拍碎；下少许油煸下五花肉，待油煸出，下蒜头炒香，放入切好的茭白，煸炒熟放入盐、生抽调味，最后放入芙蓉花瓣翻炒，入味后装盘。

七、芙蓉花粥

原料：新鲜芙蓉花瓣30克，粳米100克，冰糖适量。

制作：将芙蓉花瓣洗净、切碎；粳米淘净、加水煮粥；当粥快要完成时，加入木芙蓉花和冰糖。

功效：芙蓉花粥是芙蓉入馔最为常见的菜谱。木芙蓉花有清热凉血，消肿解毒，散瘀排脓等作用。与粳米煮粥，可用于治疗妇女月经过多，以及疮疖、肺痈等症。

八、"秋江芙蓉"

"秋江芙蓉"，即"芙蓉花汤"，其中加少量火腿和竹笋丝以增鲜。此菜看名字的灵感源自唐代诗人高蟾的诗"芙蓉生在秋江上，不向东风怨未开"。

原料：新鲜芙蓉花瓣80克，火腿20克，竹笋尖30克，鸡汤、盐、味精各适量。

制作：先将芙蓉花瓣洗净、控干；火腿和竹笋尖切细丝；将火腿、竹笋和鸡汤倒入锅中煮汤，汤滚时放入木芙蓉花瓣，再煮一两分钟，加味精调味盛碗。

功效：本菜具有清热解毒、和胃消积的功效。

九、芙蓉花卷

原料：新鲜芙蓉花瓣30瓣，虾仁100克，鸡胸肉100克，香菇20克，鸡蛋清2个，面粉、黄酒、胡椒粉、盐、番茄酱适量。

制作：芙蓉花瓣洗净，在沸水中焯后，挤干水分待用；香菇水发；虾仁、鸡胸肉和香菇共同剁成糜，加入黄酒、盐、胡椒粉和鸡蛋清；将面粉加水调成糊状；把虾仁、鸡肉等剁成的茸包于芙蓉花瓣内做成一头大一头小的枇杷状卷，蘸少量鸡蛋清封口；然后在面粉糊中滚一下，放入油锅中炸至金黄，摆盘（菊花状），最后淋上番茄酱即可。

十、鲜食芙蓉花

原料：新鲜芙蓉花瓣若干，生抽芥末适量。

制作：将芙蓉花洗净，用生抽和芥末作为蘸料，生食。鲜食花朵时，花朵中丰富的维生素和微量元素没有受到烹饪带来的破坏，直接被人体吸收利用。食用前最好用冷凉白开水和盐水漂洗一下。

第二节 芙蓉制药

中国是药用植物资源最丰富的国家之一。对药用植物的发现和利用不仅是一个摸着石头过河的过程，更体现着坚持不懈、不怕牺牲、乐于奉献的高尚品质，如"伏羲尝百药制九针""神农尝百草，一日遇七十毒"等传说。在漫长的药用植物发展进程中形成了许多记载植物药学特性的本草书籍。最早的记载应源于春秋战国时期的《山海经》，其中对50余种药用植物进行了描述。我国古代第一部诗歌总集《诗经》中记载了近百种药用植物。据统计，现存的本草书籍有400种以上，包含一些专业性较强的，如现存最早的药学专著《神农本草经》（药物360余种，植物类250余种）、梁代陶弘景《本草经集注》、明代李时珍的《本草纲目》（植物类药1200余种）、当代的《中国药用植物志》等；也包含一些地方性的，如明代兰茂的《滇南本草》，这本药学著作的问世早于李时珍的《本草纲目》140多年。

在中医学中，木芙蓉的花、叶、根均可以入药，味微辛，性平，无毒，具有清肺凉血、散热解毒、治痈疽肿毒恶疮、消肿排脓止痛的功效。介绍木芙蓉药用价值的本草书籍也较多，如《本草图经》记载木芙蓉叶有敷贴肿毒之功效；《滇南本草》记载其有箍疮出头的功用；《本草纲目》中记载"芙蓉花并叶，气平而不寒不热，味微辛而性滑涎粘，其治痈肿之功，殊有神效"；《玉楸药解》记载其有清风泄热、凉血消肿之功用；《民间常用草药汇编》记载其有外用接骨之功效。《四川中药志》中记载，芙蓉花、叶、根皆能入药，性平，味微苦，无毒，主治功用有清热、凉血、消肿、解毒、治痈肿、疔疮、烫伤、肺热咳嗽、吐血、崩漏等。中成药"芙蓉膏""玉露散"就是用木芙蓉的花、叶为主要原料配制的。

对芙蓉花进行晾晒处理。

一、木芙蓉的化学成分

木芙蓉叶中的主要化学成分为黄酮苷、酚类、氨基酸、鞣质、还原糖、甾类化合物和挥发油类等，其中黄酮苷是主要的活性成分。花中的主要化学成分为黄酮苷（含异槲皮苷、金丝桃苷、芸香苷等）、花色苷（含矢车菊素－3,5－二葡萄糖苷等），以及其他化学成分（槲皮素、山奈酚等）。

木芙蓉叶的药用收载于2015年版《中国药典》及2003年版《贵州省中药材、民族药材质量标准》。炮制方法为夏秋两季采摘木芙蓉叶，除去杂质，喷淋清水，稍润，切丝或切碎，干燥；或研粉。它具有凉血，解毒，消肿，止痛，治痈疽焮肿、缠身蛇丹、烫伤、目赤肿痛、跌打损伤等功效。

芙蓉花的药用收载于2008年版《上海市中药炮制规范》。炮制方法：将木芙蓉花除去杂质，筛去灰屑，干燥。它具有清肺凉血、清热解毒、消肿排脓的功效，可用于治疗肺热咳嗽、瘰疬、肠痈疖脓肿、脓耳、无名肿毒、烧伤、烫伤等。

二、木芙蓉的药理作用

据文献报道，木芙蓉具有十分广泛的药理作用，主要包括抗炎症、抑菌、抗寄生虫、抗肾病、抗肝病、抗肿瘤及免疫调节等作用。

1. 抗炎症作用

木芙蓉叶的有效组成成分具有抗炎症作用，在临床上主要用于治疗痛风性关节炎、丹毒、无名肿毒、烧烫伤等。木芙蓉叶的有效成分具有明显抑制二甲苯造成的耳非特异性肿胀作用，可预防早期炎症。木芙蓉叶总黄酮对非特异性炎症具有较好的抑制作用。

2. 抑菌作用

木芙蓉叶具有较好的体外抑菌作用。木芙蓉叶不同极性溶剂提取物对大肠杆菌的抑制效果比较明显，并且研究发现浓度为70%乙醇提取物的抑菌作用尤为显著。木芙蓉叶的水煎液对绿脓杆菌、大肠杆菌、葡萄状球菌有抑制作用，但对白色念珠菌无抑制作用。木芙蓉叶为主药的"香蓉散"水提液对金黄色葡萄球菌、绿脓杆菌也有一定的抑制作用。

木芙蓉根也表现出一定的抑菌作用，其乙酸乙酯萃取物对金色葡萄球菌、表皮葡萄球菌、铜绿假单胞菌和大肠埃希菌均有较强的抑制作用。

3. 抗寄生虫作用

木芙蓉叶甲醇粗提物中分离得到的阿魏酸具有显著的体外抑制鹿鬐丝成虫、微丝蚴及牛副丝虫活性的效果。

4. 对肾缺血再灌注损伤的保护作用

肾缺血再灌注损伤是临床上常见的病理现象，炎症机制在该病发生过程中起着重要作用。木芙蓉叶有效成分能防止肾脏缺血再灌注损伤。

5. 对慢性肝损伤的保护作用

木芙蓉叶总黄酮对四氯化碳造成的大鼠急性肝损伤有非常好的治疗作用。

6. 抗肿瘤作用

木芙蓉叶和根均具有一定的抗肿瘤活性，有研究表明，木芙蓉的根这方面的活性更广泛。

7. 免疫调节作用

木芙蓉叶70% 乙醇提取物对特异性免疫和非特异性免疫均有重要作用。

三、木芙蓉临床制剂

目前市场上的木芙蓉临床制剂主要是以木芙蓉的叶入药，包括复方木芙蓉涂鼻膏、芙蓉抗流感片及复方芙蓉泡腾栓等。

1. 复方木芙蓉涂鼻膏

复方木芙蓉涂鼻膏是由木芙蓉叶、地榆、冰片、薄荷脑等制成的软膏剂，具有解表通窍、清热解毒的功效，适用于流感及感冒引起的鼻塞、流涕、打喷嚏、鼻腔灼热等症。

2. 芙蓉抗流感片

芙蓉抗流感片为木芙蓉叶采用水提醇沉工艺制成的浸膏片，收载于《中华人民共和国卫生部药品标准》中药成方制剂，具有清肺凉血、清热解毒的功效，主要用于流行性感冒。其他相似制剂品种还有芙蓉抗流感胶囊剂、颗粒剂等。

3. 复方芙蓉泡腾栓

复方芙蓉泡腾栓是由木芙蓉叶、苦参、蛇床子、黄柏、艾叶、白矾制成的中药泡腾栓，具有清热燥湿、杀虫止痒等功效，主治由病原体引起的阴道炎等妇科常见病、多发病。

此外，还有宁泌泰胶囊、蟾乌巴布膏、感清糖浆等中成药中也含有木芙蓉成分。

芙蓉的各种经济价值极高！

第三节 以"蓉"为名

经过千年的岁月磨砺，芙蓉渐渐融入了成都人的生活之中，聪明的成都人民在驯化和培育芙蓉的历史进程中不断地挖掘其食用价值、药用价值等。成都以"蓉城"为名，许多建筑、道路，甚至是书籍、香烟等都用"芙蓉"来命名，这些以"蓉"为名的事物伴随着一代又一代的成都人度过繁华岁月。

一、芙蓉书院

据《成都县志》中记载，古成都一隅有一个荒废了十多年的书院，名叫"少陵书院"。清嘉庆六年时，当地的县令张公虽上任未满一年，但政绩显著，百姓安居乐业。张公念在成都是当时首个建立县邑的地方，书院却荒废不兴，实乃是史料记载上的缺漏。于是张公和儒学教谕王子治建议兴修书院，并捐献了自己的养廉银。当地的父老乡绅也积极响应，协力同心，纷纷为书院的修建贡献己力。终于在城东边以一民居为基础，扩建了30余间房屋作为书院，名为"芙蓉书院"。书院规模较大，与锦江遥相辉映。

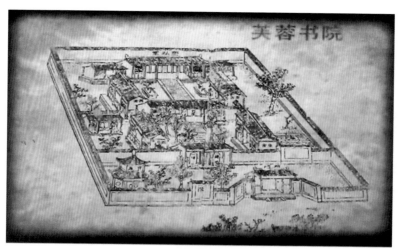

明清时期版画——芙蓉书院。

二、芙蓉观

《成都县志》记载，唐懿宗时期，一个名叫悟达的国师修建了一座名为"观音寺"的寺庙。明成化年间，一个叫祝坤的人重新修缮了该寺庙，并改名为"慈云寺"。清康熙时该寺又加以修缮，至嘉庆年间，和芙蓉书院并称"芙蓉观"，咸丰三年，才又复名为"慈云寺"。

三、芙蓉街、芙蓉桥

据《成都通览·古迹》记载，有条街位于五代蜀宫南墙，此地种植芙蓉较多，所以这条街曾被称为"芙蓉街"，街上还有一座桥被称为"芙蓉桥"。一直到清代此地修建了陕西会馆以后，这条街才改称为"陕西街"，沿用至今。

陕西街。

四、芙蓉楼

据《华阳县志》记载，明万历年间何宇度所著的《益部谈资》中说到，成都城"东南角楼，榜曰'芙蓉楼'，名虽佳，规制不甚钜丽，宴会亦不恒到"。

随着城市的飞速发展和变迁，这些以"芙蓉"命名的建筑物多已不复存在，无从稽考，仅能从某些古籍之中还原其模糊的印记。而在近代和当代，以芙蓉命名的事物又如雨后春笋之势，不胜枚举。据成都本地著名的书画家、民俗学家羊角先生忆述，在他的童年时代有很多关于芙蓉的美好回忆，有交通巷芙蓉饭店中那些丰富的芙蓉美食：芙蓉鱼片、芙蓉杂烩、芙蓉肉片、芙蓉肉糕、芙蓉饼、芙蓉臊子蛋等；有温江芙蓉古镇里和儿时玩伴的玩耍嬉闹，还有鼓楼北街芙蓉茶园里陪爷爷喝茶的温暖时光。除此之外，物美价廉的芙蓉牌挂面、芙蓉牌香烟、芙蓉牌肥皂、芙蓉牌衬衫等也成为上一代成都人的美好回忆。成都也有许多小姑娘的名字里带"蓉"字，寄托了父母对孩子的美好祝愿。

各种"芙蓉"牌产品。

第七章

芙蓉倾城

管理学家彼得·德鲁克指出，当今占主导地位的资源以及具有决定意义的生产要素，既不是资本，也不是土地和劳动，而是文化。文化是一个产业的灵魂，没有文化力量支撑的产业缺乏创意，没有持续发展的后劲。花卉文化对于花卉产业亦如此。近年来国家对于花卉文化产业非常重视，出台了许多相关政策文件。在由国家林业和草原局发布、中国花卉协会编制的《全国花卉产业发展规划（2011—2020）》中，将构建繁荣的花文化体系纳入要着力构建的六大体系中，并将国家重点花文化示范基地建设列入七大重点建设内容之一。《全国花卉产业发展规划（2011—2020）》还指出，到2020年，将建立100个国家重点花文化示范基地。2014年12月26日中国花卉协会正式印发了《国家重点花文化示范基地认定管理办法（暂行）》，同时启动了"国家重点花文化示范基地"认定工作。

花文化产业涵盖面非常广，包括与花卉相关的种植、旅游、文创、美食、医疗等方面。目前，对花文化产业比较关注的单位或企业主要有三种类型：一是传统的花卉产区，他们有比较成熟的花卉生产链，通过对花卉文化的挖掘，可以拓展其他相关产业，比如花卉旅游等，成功案例有广西横县的茉莉花产业等。二是植物园及城市公园，因其主要业务涉及花卉展示及科普教育，所以对于花文化的挖掘力度较大，对公众影响也较深，如北京植物园的桃花文化节、上海辰山植物园的月季花展、成都市植物园的芙蓉花展（节）等。三是旅游景区，重点开发花文化相关的主题，如扬州个园的竹林等。

花文化产业的发展离不开这几点因素。一是政府的政策保证及资金支持，政策保证主要指出台相关种植面积和产量供应政策，提升种植者的积极性；同时积极扶持龙头企业，加强品牌营销，鼓励企业建立自主品牌和发展花卉周边产品。二是科技力量支持，通过事业单位、学校、科研院所及企业强强联合，培养相关专业人才，为花文化产业发展提供技术支撑，而通过科学研究开发为花卉本身带来优质资源的同时，也拓宽了花卉文化产业发展道路。三是文化产业链的创新式发展，通过挖掘花卉文化内涵，产生形式新颖的艺术精品，包含食品、化妆品、生活用品、花卉服饰、动漫和游戏产品开发等，通过这种新颖有趣味、深受广大国内外游客欢迎的文化产品可以将花卉文化及相应的区域文化输出至世界各地，从而带动区域经济文化发展。四是媒体宣传方式的创新，除了传统的纸媒、电视、广播，结合现代人喜欢的微信、微博、短视频 App 等，也可将拍摄的花卉文化宣传片在地铁上、飞机场等人流量多的地方滚动播放，扩大花文化产业影响力。

一个地区花文化产业的壮大，必将推动该地区第三产业如服务、餐饮、娱乐业的发展，最终促进其整体经济的飞速增长。如河南洛阳，在牡丹文化节创办之初，就设立了"以花为媒，广交朋友，宣传洛阳，发展经济"的宗旨，随着花节的日臻完善，又形成了"以人为本、文化为魂、牡丹为媒、扩大交流合作、推动科学发展"这样高屋建瓴、谋划深远的战略方案,将牡丹花会打造成一个融观光旅游、经贸洽谈为一体的规模宏大的经贸文化活动,对促进洛阳经济文化发展起到巨大推动作用。就成都市市花木芙蓉而言,它自带深厚的文化底蕴,但整体文化产业发展速度相比同时期被确定为市花的牡丹(1982,洛阳)、月季(1983,南阳)等,显得较为缓慢。近年来,随着政府对芙蓉关注度的逐步上升,芙蓉文化产业发展的相关政策纷纷出台。

根据2017年7月成都市人民政府办公厅印发的《"擦亮蓉城名片,打造芙蓉文化产业"工作方案》,芙蓉文化产业发展未来重点工作包含以下几方面:

第一,编制规划方案,引领芙蓉发展。

1.编制《市花芙蓉发展规划》,统筹推进市花芙蓉发展。

2.根据《市花芙蓉发展规划》,针对芙蓉观赏园、芙蓉特色小镇、芙蓉特色乡村旅游及重要景区植入芙蓉文化,编制旅游发展方案。

第二,营建芙蓉景观,打造生态名片。

1.加快推进市花芙蓉增量提质。在滨水区域、块状绿地、墙边等因地制宜增加栽植数量,形成规模化、特色化、精品化的芙蓉景观点。

2.构建环城芙蓉景观带。增加环城生态区芙蓉栽植量,打造天府芙蓉园,结合宜居水岸工程建设芙蓉主题临水精品公园绿地。

3.建设观花基地。逐步形成一、三产业互动的芙蓉观花基地。

4.建设芙蓉特色小镇和特色乡村。

5.建设精品芙蓉观赏园和芙蓉文创园。

第三,加大科研投入,强化创新实力。

1.搭建科研平台。依托成都市植物园、成都市风景园林规划设计院、中科院成都生物研究所及高校等科研技术力量,搭建市花芙蓉科研平台,构建市花芙蓉科研前沿高地。

2.组建研发中心。建设一个芙蓉研发中心实验室,促进芙蓉花品种培育迅速发展,同时建立一支高水平的科研队伍。

3.拓展科研领域。开展市花芙蓉新品种培育技术、高效栽培技术、盆栽技术、园林绿化应用等领域的研究。

第四,弘扬芙蓉文化,提升市花影响力。

1.开展芙蓉文化产业相关的课题研究。展开芙蓉文化的概念和发展脉络研究,展开芙蓉文创产业历史与现状、问题及原因、经验借鉴、战略实录等系列研究。

2.扩大芙蓉花展规模和影响力。以植物园芙蓉花展为基础，举办芙蓉主题文化节（音乐节），打造形成国内知名的花卉节庆。

3.营造成都芙蓉文化氛围。以芙蓉为主题举办摄影展、画展、音乐节、文艺汇演等活动，发行芙蓉花卉文化研究出版物，拍摄芙蓉专题片，营造浓郁芙蓉文化氛围。

4.加大芙蓉文化保护、传承和文艺创作生产力度。推动芙蓉相关诗词、书画、剧目等作品的创作和非物质文化遗产的传承保护。

第五，推进"一、二、三"产业融合发展。

1.扩大种植规模，支撑产业发展。政府着力引导，社会广泛参与，以市场为导向建设芙蓉赏花基地和专类生产苗圃。

2.遵循产业规律，延伸产业链条。重点招引培育龙头企业，推动芙蓉苗木生产销售、药用芙蓉种植、食用药用开发、芙蓉生态文化旅游、工艺品制作及主题文化产品创作等关联产业发展。

3.建设文创园区，发展文创产业。建设芙蓉文化产业创意园区，搭建以芙蓉诗词、书画、舞台剧、非物质文化遗产等为主要内容的芙蓉文化产业发展平台，形成聚集效应，促进芙蓉文化产业发展。

成都市芙蓉产业欣欣向荣。

第一节 芙蓉科研工作

"科学技术是第一生产力",离开科学技术的支撑,任何产业的发展都前途渺茫,对于芙蓉文化产业亦是如此。芙蓉相关科学研究可以为芙蓉文化产业提供解决实际问题的科学技术和根本方法,提供前进的持续动力并为其发展注入新的活力。通过对国内、国外近几年相关文献进行检索,发现目前从事芙蓉相关科学研究的人员和机构非常有限,对木芙蓉的研究文献也不多,主要集中在芙蓉的药用、栽培繁殖技术及园林绿化应用等方面。目前在全国甚至是全世界范围内,对芙蓉有比较系统的研究以及在新品种培育方面报道最多的仍然是成都市植物园(成都市公园城市植物科学研究院)。

一、成都市植物园的芙蓉科研

成都是一座古老而又美丽的城市,不仅山川秀丽,植物资源丰富,名胜古迹很多,而且有悠久的造园传统和精湛的花木培植技艺,向来以树木葱茏、繁花似锦著称于世,是全国有名的花城。人们一提起成都,就知道它叫"蓉城"。基于芙蓉与蓉城有着千丝万缕的联系,芙蓉是成都的象征,1983年5月26日成都市人大把芙蓉定为市花。自那时起,成都市植物园(成都市公园城市植物科学研究院)开展了一系列芙蓉专项研究及应用课题,包括成都市芙蓉品种资源调查研究;芙蓉栽培技术研究(主要涉及植株矮化、落蕾方面研究);千瓣大红芙蓉、醉芙蓉无性系良种选育研究;芙蓉新品种选育的研究(主要采用杂交、物理诱变方式培育新品种);芙蓉抗病虫新品种选育(主要针对芙蓉主要病虫害,如蚜虫、梨纹丽叶蛾、白粉病)的研究;芙蓉新优品种繁育技术研究;芙蓉新品种适应性研究及推广应用;芙蓉土传病害及花期控制(物理控制)研究等。部分研究成果获得成都市科技进步奖,推广应用和参展芙蓉曾获得过金奖。

成都市植物园(成都市公园城市植物科学研究院)经过三十几年的坚持,对芙蓉进行了上述多项系列研究。从查清成都地区的木芙蓉品种,掌握它们的特征、特性开始,进而选育出新的品种,并进行示范推广应用,再到对选育出的芙蓉抗病虫害品种及芙蓉优良品种进行繁殖技术研究。这些研究成果在品种、花期、抗性、繁殖技术等方面,每一项都从生产实际而来,到生产实际而去,循序渐进,系统地解决了生产中的实际问题,

芙蓉花专项研究。

使芙蓉的品种由原来的8种，提高到20余种，花期由原来的9—10月延长到6—11月。而芙蓉抗病虫害新品种的培育成功，有利于城市环境的维护和改善，同时繁殖栽培技术也得到了提升。这一系列的研究，对今天的成都来说，意义非同一般。

近几年，随着蓉城的标识——芙蓉愈来愈受到重视，对于芙蓉的科研要求也愈来愈迫切。根据《"擦亮蓉城名片，打造芙蓉文化产业"工作方案》的指示精神，要加强芙蓉品种选育等科研工作，分阶段培育芙蓉新品种要达到一定的数量，同时要夯实市花芙蓉的文化内涵。为了提供更多更好的芙蓉生态产品，成都市植物园深入开展了一系列相关研究，如进一步收集全国乃至全世界的芙蓉种质资源，传统育种（杂交、辐射育种等）、分子技术育种，芙蓉全基因组测序，芙蓉转录组、代谢组分析，基因的群体进化研究，花期控制研究，盆栽基质及专用肥料研究，抗病虫害机理研究，栽培繁殖技术优化，芙蓉品种分类等方面的研究。成都市植物园正在逐步加大已有优良木芙蓉品种的推广应用，同时开始注重自身知识产权的保护，正在申请《木芙蓉新品种测试指南》的编写，并持续向国家林业和草原局植物新品种保护办公室申报芙蓉新品种，及向四川省林业和草原局申报芙蓉良种。为了促进芙蓉产业的发展，成都市植物园也在芙蓉食用、药用，以及芙蓉文创产品的研发等方面进行了尝试和探索。

芙蓉产业进入快速发展阶段，需要社会各方的积极参与。比如政府的重视与资金投入，宣传方式和发布载体的创新，各高校、科研院所对芙蓉的研发，社会企业对芙蓉产品的资本注入等。在新的形势和要求下，成都市植物园将在现有基础上，发挥优势，抓住机会积极开展芙蓉的相关研究，进一步转化科研成果，推动芙蓉研究更上一个台阶，为成都市城市品牌、城市形象以及天府文化的打造贡献力量。

芙蓉花是成都市的象征，也是成都最亮丽的城市名片之一！

二、芙蓉国际研讨会

为进一步弘扬天府文化，彰显芙蓉魅力，提高芙蓉花的知名度，以"首届天府芙蓉花节"为契机，由成都市林业和园林管理局（现为成都市公园城市建设管理局）主办，成都市植物园承办的"2018年天府芙蓉花节芙蓉国际研讨会"于2018年10月17日在成都市隆重开幕，为期3天。该会议邀请国际国内从事芙蓉相关研究的专家学者聚集成都，深度研讨芙蓉科研、文化和产业发展，借智借力助推芙蓉科研以及整个产业加快发展，借芙蓉魅力弘扬天府文化，着力为绘就"绿满蓉城、花重锦官、水润天府"的蜀川画卷做出贡献；同时，通过文创和生态的深度融合发展，为将成都建设为美丽宜居的公园城市助力。

研讨会以"筑梦新时代，花重锦官城"为主题。参会人员包括芙蓉研究领域的国内外专家，成都市林业和园林管理局及局属单位代表，民盟成都市委代表，成都市风景园林行业（武侯区、新都区林业园林主管部门，科研院所、高校，芙蓉观花基地等）代表及新闻媒体人等。

会议主要研讨内容涵盖三项：一是锦葵科植物种质资源及研究现状；二是芙蓉研究现状及未来研发方向，如资源、新品种研发、药用食用、分子水平研究、推广应用等；三是芙蓉与城市文化（花与城市文化）。

2018年首届芙蓉国际研讨会。

这次芙蓉国际研讨会汇聚了国内外研究芙蓉的专家学者，大家一起交流与芙蓉相关的研究动态，为今后芙蓉产业的发展指明了更加清晰的方向，成立芙蓉研究院、建设芙蓉博物馆等观点在会上首次被提出。

"一扬二益古名都，禁得车尘半点无。四十里城花作郭，芙蓉围绕几千株。"芙蓉是成都市的市花，既是城市形象的重要标志，也是城市地域人文特征的浓缩和象征。芙蓉花开，象征着蓉城日新月异的发展，象征着蓉城人对美好生活的向往。此次会议后，芙蓉国际研讨会将成为常态，每年举办一次，力争群策群力聚焦芙蓉产业发展，让市花芙蓉在成都绽放出更具时代意义的绚丽色彩！

第二节 弘扬芙蓉文化

尽管早在1983年5月，成都市第九届人大常委会就决定正式命名芙蓉为成都市市花，然而经历了30多年的风雨，这朵蓉城之花却仿佛被人们渐渐淡忘。在新时代，处于高速发展的成都一直在被外来的新鲜事物所吸引。代表本土文化的芙蓉却因为易感染病虫害等原因，不仅种植数量在减少，年轻人对芙蓉的接触和了解也越来越少。一项春节期间关于成都印象的游客调查显示，一万名接受调查的游客中，知道成都别称"蓉城"的比例超过90%，但关于"蓉城"的来历，仅1%的人能说出是因历史上曾满城遍植芙蓉花而得"蓉城"之名。

在2017年的市政协会议上，民盟代表作了《以芙蓉为城市形象标识打造国家文创中心城市》的发言，建议以芙蓉为标识打造成都新名片。

同年，四川日报社把芙蓉文化现状、涉及的文化产业等写成一篇《擦亮"蓉城"名片，打造芙蓉文化产业》的内参，并呈报上级领导。这份内参体现了习总书记提到的"文化自信"理念，受到了四川省委书记的高度重视。他在2017年4月7日向成都市主要领导作出了关于芙蓉花文化产业的重要批示。

2017年7月18日，为深入贯彻落实省第十一次党代会、市第十三次党代会和省、市环保大会精神，推进全域增绿工作，中共成都市委办公厅、成都市人民政府办公厅印发《实施"成都增绿十条"推进全域增绿工作方案》。方案中提出"至2022年，将建成天府

芙蓉花这朵蓉城城市名片开始熠熠生辉。

芙蓉园，芙蓉小镇3个，芙蓉主题观赏园5个，实现芙蓉品种达30种"等要求，截至目前，已超额完成芙蓉栽植任务。

2017年7月28日，成都市政府出台了《"擦亮蓉城名片 打造芙蓉文化产业"工作方案》。在该工作方案中设立了打造芙蓉文化产业的目标任务、重点工作及保障措施等内容。其主要目标任务是围绕建设全面体现新发展理念的国家中心城市总体目标，因地制宜加大芙蓉种植力度，营造芙蓉文化氛围，延伸芙蓉产业链条，促进"一、二、三"产业融合发展，打造"国际知名、国内一流、成都特色"的城市生态文化名片。

2018年10月16日，为全面贯彻习近平新时代中国特色社会主义思想和党的十九大精神，弘扬中华文明，发展天府文化，把成都建设成为国际文化交流和中华文化传播的高地，成为独具人文魅力和文化标识、受人仰望的世界文化名城，成为城乡居民各得其所、国内外人士向往的美丽宜居公园城市，中共成都市委、成都市人民政府印发了"关于大力推动文化商贸旅游体育融合发展的实施意见"。该文件中提出"推进金沙、三国、诗歌、大熊猫、芙蓉、中医药等文化资源生成特殊文化符号"等，进一步明确芙蓉作为天府文化的组成部分。芙蓉这张蓉城城市名片开始熠熠生辉。

一、芙蓉文化研究会成立

为了挖掘传承千年的芙蓉历史文化底蕴，让芙蓉文化能够更好地装点美化我们的城市与生活，一批热爱芙蓉文化的艺术家、专家学者及企业家于2017年发起了"成都市芙蓉文化研究会"的筹备工作。在成都市文学和艺术界联合会的大力支持下，经成都市民政局注册，2019年5月，成都市芙蓉文化研究会正式成立。

成都市芙蓉文化研究会汇聚了芙蓉花栽培种植、文化研究、艺术创作等不同行业的专家、学者、艺术家等，他们将致力于研究、梳理和构建具有蓉城城市文化特色的芙蓉文化学术和话语体系，推动从芙蓉品种研发到非遗、文创、艺术衍生等产品的打造，建立从自然之花到文化艺术之花的完整的芙蓉文化产业链。

成都市芙蓉文化研究会的成立，对研究成都历史文化，展示和建设美丽新成都形象具有深远的历史意义。研究会将发挥成都作为芙蓉城的天然优势，依据芙蓉优美的历史故事和众多的诗词歌赋，进行芙蓉主题绘画、文学、影视等作品的创作，编创有地域特色的芙蓉艺术表演节目，带动以芙蓉为符号或主题的文艺创作、艺术品交易、歌舞戏剧演艺、游戏动漫、媒体宣传等行业的发展。研究会将致力于芙蓉文化的概念与发展脉络研究；致力于推进成都市城市文化建设，旨在彰显芙蓉文化特色、推动科学研究及产业发展。研究会作为专业性研究团体将推动芙蓉文化这一成都特有的文化走向更加广阔舞台。

芙蓉文化研究会第一届第一次理事会议。

研究会将长期组织专家团队进行芙蓉文化调查和政策理论研究，定期向市政府相关机构和市文联提交有关芙蓉研究领域的调查报告，全面反映芙蓉研究领域的发展状况、存在的问题及建议，协助政府做好社会管理。研究会还将协助政府主管部门开展有关芙蓉文化研究专业人才的人员培训、咨询服务，组织开展与芙蓉文化有关的各种文创展览及推广交流活动，搭建芙蓉文化全产业链模式和产业联盟平台，拓展成都文创领域等工作。

成都市芙蓉文化研究会的成立，让芙蓉文化从此有了专门的研究推广机构。

二、首届"金芙蓉杯"芙蓉主题文创产品设计大赛

首届"金芙蓉杯"文创产品设计大赛，是民盟成都市委会和成都市公园城市建设管理局持续深耕城市文化品牌建设和传播的创新尝试。大赛旨在深入贯彻十九大精神，围绕成都建设世界文创名城的部署，聚合各方面文创资源，充分发掘芙蓉文化内涵，催生具有成都特色、极富市场开发价值的文创产品，发现一批优秀的文化创意设计人才，开发新IP、培育新市场、创造新影响，多角度丰满成都记忆，提升成都城市文化形象，推动"蓉城"品牌建设传播和成都文创产业高质量发展。

大赛于2018年9月28日发布启动，2019年5月18日征集截止。参赛作品包括旅游产品、日用产品、饮食产品三类，实物产品和创意设计方案均可，要求将"芙蓉"融入审美与实用的统一，力求可落地、可量产、可消费。大赛设金芙蓉奖、银芙蓉奖、玉芙蓉奖、优秀作品奖、人气作品奖、蓉城之子奖、最佳指导奖七类奖项，总奖金额超过12万元。

"金芙蓉杯"文创产品设计大赛得到了包括企业、文创机构、设计工作室、高校在内的社会各界的广泛关注和参与，民盟成都企业家联谊会、成都芙蓉文化研究会、四川省文化产业商会、成都工艺美术行业协会、成都工业文化发展促进会、四川省室内装饰协会、天府新区商会、成都市自媒体协会、成都餐饮同业公会参与协办，四川师范大学美术学院、西华大学美术与设计学院、ACG国际艺术教育、成都民盟书画院、成都市植物园提供专业支持。大赛共收到来自全国各地乃至海外的参赛产品和设计作品共计556件，初评入围作品243件。在20天的入围作品网络发布投票中，浏览量超过400万次，总投票量达126万余票，扩大了芙蓉文化的对外宣传力度。最终在2019年8月8日评出了金芙蓉奖2件、银芙蓉奖4件、玉芙蓉奖10件、优秀作品奖23件、蓉城之子奖10件、人气作品奖50件。这些作品均以"芙蓉"为创作原点，以成都人文情调为产品基调，展

现天府文化内涵。

　　首届"金芙蓉杯"文创产品设计大赛中，参赛的产品和设计作品不仅为我们展示了芙蓉文化的魅力，而且提升了有识之士深挖精耕芙蓉文创产品的信心。本次大赛的目的是抛砖引玉，目前有一批有实力的企业，已经在推出高质量、有市场吸引力的芙蓉文创产品。同时，芙蓉文创馆、芙蓉茶宴、芙蓉文化街区、芙蓉特色小镇都在策划酝酿中。大赛吸引了更多的企业家、投资人、文创人士的参与和支持，共同携手推动成都城市文化的特色发展，使芙蓉文化成为成都市一张闪光的名片，让芙蓉文化产业成为成都建设文创之都、美食之都、音乐之都和世界文化名城的靓丽一环！

部分获奖作品：

蓉城剧场及相关文创产品

　　蓉城剧场整体以"蓉"字为原型，结合川剧脸谱艺术特色元素，标志图案形似一张热情的笑脸，眉宇间笑意盈然。
（创作者：常雪、石嘉佳）

芙蓉斋

芙蓉斋作品包括茶几、蒲团、地垫、花灯、屏风等，整体以芙蓉为主题，整体色调为黄灰色，辅以芙蓉的粉白色为点睛之笔，营造一种岁月静好的意境和禅意的氛围。

（创作者：陈秋月、孙艳玲、胡坤、吴箫、李永祥、赵玉洁、潘子言、梅思颖）

"福荣"餐具

"福荣"谐音芙蓉，在设计时突出芙蓉花花瓣偏圆、花瓣经脉明显的特点，以区别于其他花卉产品。霁蓝釉色彩浓郁，与芙蓉花的高贵典雅、热烈烂漫相吻合；青釉色彩清淡，给快节奏的生活带来一丝舒缓。

（创作者：胡秋芳）

芙蓉花卡通形象设计及衍生

芙蓉花卡通形象以芙蓉花为设计原型，分别采用单瓣和复瓣两种类型的芙蓉花，以两个小女孩的形象呈现，提取芙蓉花的粉色和红色作为两个形象的主色调。女孩圆润微胖，体现幸福富足，十分可爱，具有亲和力。

（创作者：蒲维维、梅少云）

芙蓉熊猫杯

芙蓉熊猫杯将芙蓉元素与熊猫元素结合进行创意设计，产品载体的选择与当代都市生活紧密结合，杯型采用芙蓉花的造型进行设计，将熊猫置于其中，凸显成都特有的芙蓉文化。

（创作者：高森孟、周睿）

芙蓉醉文创酒具

醉芙蓉一天变三色。芙蓉醉文创酒具，以醉芙蓉的花苞作为酒具外形，以盛开的芙蓉花朵为酒杯，酒具体现了醉芙蓉的色彩与纹理，展现了芙蓉花的娇媚，表达了"温柔乡，醉芙蓉，一帐春晓"的意境之美。

（创作者：饶永红）

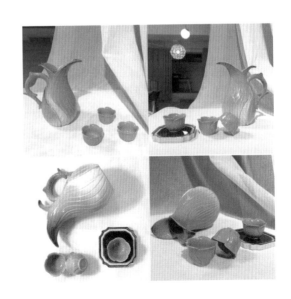

芙蓉文创科技杯系列

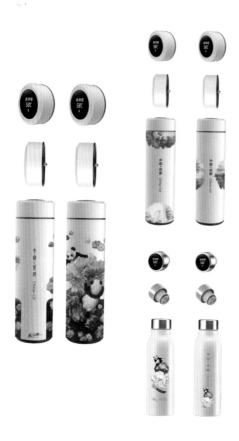

《蓉城双骄芙蓉杯》《花开富贵福荣杯》系列文创科技杯，以长期致力于芙蓉花创作的画家杨学宁的作品为素材，结合现代科技，可秒测水质、感应水温，并利用液晶屏显示数值，提醒喝健康水。

（创作者：浙江哈尔斯贸易有限公司）

第三节 芙蓉对提升成都城市品牌的影响

美国凯文·莱恩·凯勒（Kevin Lane Keller）教授提出"城市和商品一样，可以进行品牌化"。城市品牌是蕴含城市个性及受众效用的城市名称和标记，是人们对城市整体特征的感知、联想、识别。城市品牌化后可以让人们进一步了解并深刻认识某座城市。城市品牌应体现该城市的特有竞争优势，具有独特的本土气息。

成都市委十三次党代会以来，市委市政府认真贯彻落实党的十九大精神，将生态环境作为人民群众美好生活需要的重要组成部分，努力提供更多优质生态产品以满足人民日益增长的需要，而花卉植物是生态产品的重要组成部分。随着城市经济的快速发展，人们开始回归城市的地方属性，深挖具有地方文化特色、深植文化自信的载体。文化对于城市而言，既是实力和形象，更是内核和灵魂。文化高度决定城市高度，文化影响力决定城市影响力。花文化也是城市文化的一部分，是城市历史的重要扮演者。

从目前发现的四川史料中，尚不能确定蜀人种花习俗的具体起始时代。但在左思的《蜀都赋》里，记载晋代蜀都已经是"百药灌丛、寒卉冬馥"之地，他提及的西蜀木兰（辛荑）、桂花（木犀）及唐宋时代成都的木芙蓉、紫桐、山茶、梅花、红栀子、瑞圣花，以及嘉州和昌州的海棠，合州、渝州的牡丹，明代邛州的七里香（山矾花），雅州的婆罗花，清代成都的月季、石榴、兰花、牡丹、木槿、各色菊花等，都是四川人工种植的观赏或兼药用的花卉。

成都地貌类型多样，海拔高度差异悬殊（高低海拔差5000余米），得天独厚的自然条件，造就了成都丰富多彩的植物资源，也因此被英国著名植物学家威尔逊称为"中国西部的花园"。作为天府文化的一部分，花文化同样很早就存在于成都这座城市。在唐宋时期，成都花市繁盛，甚至月月皆有，如二月花市、八月桂市、十一月梅市，而最盛者是二月花市。"晓看红湿处，花重锦官城。"成都人爱花，花的要素渗入了成都的大街小巷，而芙蓉花无疑是其中最为俏丽的明姝。

散文大师朱自清和妻子陈竹隐早年曾相约观赏红叶。看着满山红叶，陈竹隐随口吟出了杜牧的诗句："停车坐爱枫林晚，霜叶红于二月花。"朱自清则即兴改了一首唐诗："枫叶罗裙一色裁，芙蓉向脸两边开，乱入林中看不见，闻诗始觉有人来。"1940年夏天，当朱自清第一次来到蓉城，置身于姹紫嫣红的芙蓉花间，他怎能不感激这座庇护他们一家的城市！

芙蓉，作为蓉城千年历史的文化符号，同武侯祠、金沙遗址、杜甫草堂一样，都是成都的城市文化名片。而且芙蓉千百年来一直和蓉城市民相依相伴，它是能够全面呈现蓉城人文和城市精神特质的代表符号。芙蓉承载了众多的文化精神和内涵，是今日蓉城人不畏艰难、努力进取、热爱生活的真实写照。芙蓉花美叶茂的天然品性，标志着成都的绿色生态；芙蓉临寒拒霜的生命活力，标志着成都的创业奋进；将用于战事防御的城墙种满芙蓉的传说，标志着成都的和平安宁；关于芙蓉的爱情故事，标志着成都的坚贞不屈；芙蓉艳比牡丹的风姿，标志着成都的休闲浪漫；芙蓉谐音"福荣"，标志着成都的祥瑞包容。

芙蓉与成都构成了一种花因城繁、城因花丽的特殊关系，两者不是简单的汇合，而是历史与现实、植物与城市、感情与生活的高度交融。芙蓉的俏丽身姿更彰显了巴蜀文明孕育出的天府文化，无愧为世界文化名城成都的亮丽名片。深入挖掘芙蓉文化内涵，着力打造芙蓉文化产业，通过芙蓉文化经济带动相应的旅游、服务、餐饮等行业经济的快速提升，对于天府文化的传播和天府经济的发展将起到巨大的促进作用。

习近平总书记说过："城市的传统历史文化是这个城市的金名片。"芙蓉正是承载着我们这座城市历史文化形象的生动、鲜活的名片：根在千年前，花开千年后；故事传说千年前，追寻演绎千年后；高洁品格跃千年，福运福报千年后。一座城孕育一朵花，一朵花点亮一座城。

参考文献

[1] 周武忠.中国花文化史 [M].深圳：海天出版社，2015.

[2] 汪灏.广群芳谱 [M].上海：上海书店，1985.

[3] 孙映逵.中国历代咏花诗词鉴赏辞典 [M].南京：江苏科学技术出版社，1989.

[4] 潘胜利.百花食谱之十：木芙蓉花 [J].园林，2006，10.

[5] 陶玮.芙蓉辨——论黛玉、晴雯之"芙蓉" [J].红楼梦学刊，2010.

[6] 芦建国等.木芙蓉的观赏特性及其园林应用 [J].北方园艺，2007.

[7] 蒋蓝.蜀地笔记 [M].成都：四川人民出版社，2017.

[8] 谢元鲁.两晋南北朝隋唐时期：成都通史 [M].成都：四川人民出版社，2011.

[9] 刘娅萍."蜀国"与"江南"唐宋花鸟画的图像样式生成 [D].北京：中国艺术研究所，2017.

[10] 刘乔.清代中前期成都城市的重建 [D].成都：四川大学，2006.

[11] 袁行霈.中国古代文学史 [M].北京：高等教育出版社，1999.

[12] 王群.从"不平则鸣"到"穷而后工"——论王安石诗歌创作道路 [J].抚州师专学报，2001，2：70-77.

[13] 芦建国，李艳.木芙蓉的观赏特性及其文化内涵初探 [A].中国花文化国际学术研讨会论文集 [C].2007.

[14] 陈葆真.古代画人谈略 [M].台北：台北"故宫博物院".1979.

[15] 史阳春.《秋庭戏婴图》研究 [D].南京：南京师范大学，2015.

[16] 闫成杰."冠古绝今"——《芙蓉锦鸡图》[J].文学界 (理论版)，2012，(11)：304.

[17] 钟葵.芙蓉花绘画作品始见于宋代 [N].广州日报，2017-10-10.

[18] 周安华.芙蓉品种及栽培技术 [M] // 成都市绿化委员会.科技兴绿.成都：成都科技大学出版社，1993.

[19] 潘富俊，吕胜由.诗经植物图鉴 [M].上海：上海书店出版社.2003.

[20] 赵丽霞.花卉文化与唐宋时代的审美意识 [D].武汉：中南民族大学，2005.

[21] 何小颜 . 花与中国文化 [M]. 北京：人民出版社，1999.

[22] 王蕾 . 唐宋时期的花朝节 [J]. 现代企业教育，2006，(20)：194-195.

[23] 王瑛 . 花蕊夫人事迹辨述 [J]. 四川文物，2000，(3)：35-42.

[24] 郭家嵘 . 蜀中四大才女声名背后的苦痛透视 [J]. 韶关学院学报，2014，35(7)：19-23.

[25] 陈尚君 . 花蕊夫人的迷宫 [J]. 古典文学知识，2018，4：89-97.

[26] 霍珍，郭格婷 . 欧阳修祭文浅窥——《祭石曼卿文》赏析 [J]. 中外企业家，2009，(4)：138-139.

[27] 陈志平 . 风流石曼卿 [J]. 书法，2014，(4)：62-64.

[28] 崔佳佳 . 石延年及其诗歌新论 [D]. 太原：山西大学，2017.

[29] 于丹 . 重温最美古诗词 [M]. 北京：北京联合出版公司，2016：97.

[30] 张钟丹 . 徐复祚《红梨记》研究 [D]. 临汾：山西师范大学，2017.

[31] 孙玫，熊贤关 . 晚明剧作中的青楼女子——略论《西楼记》、《红梨记》和《三生传玉簪记》[J]. 艺术百家，2002，(1)：70-75，91.

[32] 王忠禄，郑炜华 . 论芙蓉神形象的审美价值 [J]. 中北大学学报 (社会科学版)，2013，29(3)：66-70.

[33] 缪丽娟 . 别样女子，必遭"天"诛——晴雯的反抗道路 [J]. 兰州教育学院学报，2010，26(5)：38-40.

[34] 牛晓霞 . 娇痴婉转堪风流——从性格角度分析《红楼梦》中晴雯的命运悲剧 [J]. 文教资料，2015，(12)：5-6.

[35] 张燕 . 浅论晴雯的性格悲剧 [J]. 文学教育 (下)，2018，(10)：24-25.

[36] 李菁博，许兴，程炜 . 花神文化和花朝节传统的兴衰与保护 [J]. 北京林业大学学报 (社会科学版)，2012，11(3)：56-61.

[37] 马智慧 . 花朝节历史变迁与民俗研究——以江浙地区为中心的考察 [J]. 浙江学刊，2015，(3)：66-74.

[38] 戴雪纷 . 旧街花朝节庙会的发展与演变 [D]. 武汉：华中师范大学，2009.

[39] 余文倩 . 青羊花市景无边——花卉与民国时期成都市民的娱乐生活 [J]. 文化透视，2012，(1)：12-15.

[40] 白之仑 . 非物质文化遗产视野下的洛阳牡丹文化节 [D]. 北京：中国艺术

研究院，2018.

[41] 王牧．试论宋代铜镜纹饰 [J]. 南方文物，1995，(1)：119-123，102.

[42] 洛阳博物馆．洛阳出土铜镜 [M]. 北京：文物出版社，1988：171-180.

[43] 徐沂蒙．一面"三瑞花镜"的年代断定及相关思考 [J]. 赤峰学院学报（汉文哲学社会科学版），2018，39(4)：7-10.

[44] 霍宏伟．洛阳王城花园出土宋代器物 [J]. 文物，2003，(12)：47-48.

[45] 尹钊，郑家钰，金光．宋代铜镜的平民化特点 [J]. 东方收藏，2018，(22)：25-27.

[46] 邓国光，曲奉先．中国花卉诗词全集 [M]. 郑州：河南人民出版社，1997.

[47] 叶嘉莹．迦陵论诗丛稿 [M]. 石家庄：河北教育出版社，2000.

[48] 王莹．唐宋诗词名花与中国文人精神传统的探索 [D]. 广州：暨南大学．2007.

[49] 黄森木．木芙蓉趣谈 [J]. 森林与人类，1994.

[50] 火艳，李攀，祝遵凌．当代体验式花文化研究——以木芙蓉为例 [J]. 中国野生植物资源，2015，34(3)：53-57.

[51] 何宇东．天然水晶和合成水晶的鉴别研究 [D]. 北京：中国地质大学，2013.

[52] 夏晓旦，黄婷，薛嫚，等．木芙蓉化学成分与药理作用的研究进展 [J]. 中成药，2017，(11)：138-142.

[53] 许宜兰．洛阳牡丹文化产业的发展现状与对策探索 [J]. 产业与科技论坛，2015，14(21)：23-24.

[54] 谯德惠．花文化的注入使花卉产业更具活力 [J]. 中国花卉园艺，2015，(19)：15-17.

[55] 刘宇，苏春艳，刘莉．中西方文化背景下花语的对比分析 [J]. 才智，2019，(2)：195-196.

[56] 马军．孟昶不"昶" [J]. 文史春秋，2012，(7)：64.

[57] 张邦炜．昏君乎？明君乎？——孟昶形象问题的史源学思考 [J]. 四川师范大学学报（社会科学版），2009，36(1)：117-125.

[58] 青萍．重人文的后蜀国君孟昶 [J]. 文史杂志，2016，(1)：118.

[59] 王珊，李晓岑，李玮，等. 古代名纸薛涛笺文献述略 [J]. 中国文物科学研究，2017，(4).

[60] 张雁南. 仕而后学兼资文武，廉而勤政青史留名——贵州历史名人李世杰 [J]. 当代贵州，1999，(4)：40-42.

[61] 李诗华. 评李世杰 [J]. 贵州师范大学学报（社会科学版），1991，(3)：34-37.

[62] 陈楚戟. 木芙蓉的观赏特性及园林应用分析 [J]. 南方农业，2015，9(15)：84-85.

[63] 聂谷华，向其柏. 木芙蓉在园林绿化中的应用——以九江市为例 [J]. 园艺与种苗，2012，(7).

[64] 姚琳. 中国传统园林天人合一之人与自然和谐交融 [D]. 哈尔滨：东北林业大学，2011.

[65] 许剑峰，汪芳. 园林植物与山石配置分析 [J]. 绿色科技，2018，(19)：32-33，36.

[66] 刘洪志. 四川古典园林植物景观营造及传承研究 [D]. 成都：西南交通大学，2017.

[67] 周文娟. 浅析园林建筑与园林植物 [J]. 现代农业研究，2019，(4)：52-53.

[68] 滕跃. 古典园林建筑与园林植物搭配的关系探讨 [J]. 农业开发与装备，2019，(5)：59，67.

[69] 童琼，李晓钰.《芙蓉女儿诔》中"人神相恋"的悲剧意蕴 [J]. 南都学坛：南阳师范学院人文社会科学学报，2004，24(1)：49-52.

[70] 魏丕植. 女儿知己，叛逆心声——简评《芙蓉女儿诔》[J]. 贵州师范学院学报，2012，28(8)：9-12.

[71] 王小英. 从《芙蓉女儿诔》看晴雯形象的典型意义 [J]. 佳木斯教育学院学报，1989，(3)：35-37.

[72] 王人恩. 论《芙蓉女儿诔》在中国祭文史上的地位——《红楼梦》探微之四 [J]. 甘肃社会科学，1995，(5)：64-66.

[73] 郑秀琴.《红楼梦》中的植物世界与情感世界 [J]. 明清小说研究，2019，(2).

[74] 张若兰."嘉名偶自同"——《红楼梦》"芙蓉"辨疑 [J]. 红楼梦学刊，2005，(1)：331-342.

[75] 陈平 . "红楼" 芙蓉辨 [J]. 红楼梦学刊，1983，(1)：36-38.

[76] 葛明静 . 古典文学中芙蓉的审美意象探析 [D]. 济南：山东师范大学，2012.

[77] 俞香顺 . 林黛玉 "芙蓉" 花签考辨 [J]. 明清小说研究，2011，(1)：141-148.

[78] 刘霜 .《红楼梦》"以花喻人" 研究 [D]. 西宁：青海师范大学，2017.

[79] 潘富俊 . 草木缘情：中国古典文学中的植物世界 [M]. 北京：商务印书馆，2015.

[80] 孙慧颖 . 唐宋文学中的芍药 [D]. 合肥：安徽大学，2013.

[81] 贾军 . 植物意象研究 [D]. 哈尔滨：东北林业大学，2011.

[82] 杨诗云 . 张大千书画碑刻——四川灌县青城山记 [J]. 内江师范学院学报，2017，(3)：33-42.

图书在版编目（CIP）数据

一朵花一座城：芙蓉·成都 / 成都市植物园编著 . — 武汉：湖北科学技术出版社，2020.1

ISBN 978-7-5706-0850-8

Ⅰ . ①一… Ⅱ . ①成… Ⅲ . ①木芙蓉 – 文化 – 介绍 – 成都 Ⅳ . ① S682.1

中国版本图书馆 CIP 数据核字 (2019) 第279300号

一朵花一座城：芙蓉·成都
YIDUO HUA YIZUO CHENG :FURONG · CHENGDU

策划编辑： 何少华　谢俊波
责任编辑： 刘志敏　许　可
装帧设计： 胡　博　曾　刚
督　　印： 朱　萍
责任校对： 王　梅

出版发行： 湖北科学技术出版社
地　　址： 武汉市雄楚大街268号（湖北出版文化城 B 座13—14层）
邮　　编： 430070
电　　话： 027-87679468
网　　址： http//www.HBstp.com.cn
印　　刷： 武汉市金港彩印有限公司
邮　　编： 430023
开　　本： 787×1092　1/16　4插页　12.75印张
版　　次： 2020年1月第1版
印　　次： 2020年1月第1次印刷
字　　数： 200千字
定　　价： 58.00 元